U0219501

华为AIoT技术系列

5G技术与应用

吴英◎编著

5G TECHNOLOGY AND APPLICATION

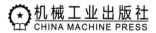

机械工业出版社
CHINA MACHINE PRESS

本书从 AIoT 作为 5G 重要应用场景的角度出发，首先介绍了 AIoT、5G 与 MEC 的相关知识，包括它们的发展背景、概念、体系结构、工作原理与关键技术，并展示了 AIoT、5G 与 MEC 相互促进、共同发展的历程；然后分析了基于 EdgeGallery 平台开发 5G 边缘应用的流程；最后展望了 AIoT、6G 与边缘 AI 的未来发展。

本书可作为希望了解 AIoT、5G 或 MEC 技术的管理人员及技术人员的参考书，也可作为物联网工程、计算机科学与技术、智能科学与技术等专业 5G 和边缘计算相关课程的教材。

图书在版编目（CIP）数据

5G 技术与应用 / 吴英编著 . -- 北京：机械工业出版社，2024. 7. -- ISBN 978-7-111-76056-6

Ⅰ. TN929.538

中国国家版本馆 CIP 数据核字第 2024MC2146 号

机械工业出版社（北京市百万庄大街 22 号　邮政编码 100037）

策划编辑：朱　劼　　　　　　　责任编辑：朱　劼
责任校对：张慧敏　　李　婷　　责任印制：常天培

北京机工印刷厂有限公司印刷

2024 年 9 月第 1 版第 1 次印刷

186mm×240mm・11.25 印张・1 插页・170 千字

标准书号：ISBN 978-7-111-76056-6

定价：59.00 元

电话服务　　　　　　　　　　网络服务

客服电话：010-88361066　　机 工 官 网：www.cmpbook.com

　　　　　010-88379833　　机 工 官 博：weibo.com/cmp1952

　　　　　010-68326294　　金 书 网：www.golden-book.com

封底无防伪标均为盗版　　机工教育服务网：www.cmpedu.com

序

当前，以 5G、云、IoT、AI 等为代表的新 ICT 正在加速"万物感知、万物互联、万物智能"的智能世界的到来。新一轮科技革命和产业变革推动数字经济高速发展，加快数字化发展已成为各国的战略选择。ICT 产业是知识密集型产业，技术与业务融合是千行百业进行数智化转型的趋势，这对复合型数字人才提出了强烈的需求。

依托在移动通信、IP 和光、计算和云、人工智能等产业的长期积累和最新技术演进，华为长期与社会各界共同培养数字人才，构建数字人才生态。为促进技术融合应用及创新，传播先进的信息和通信技术，面向高校、企业、社会提供 AIoT 技术的学习资源，华为联合机械工业出版社开发了 AIoT 技术系列图书，涉及 5G、AIoT 应用开发、AIoT 工程设施与实施等主题。

华为致力于把数字世界带入每个人、每个家庭、每个组织，构建万物互联的智能世界。我们坚信，没有数字人才，就没有智能未来。我们希望与合作伙伴一起繁荣数字人才生态，共创行业新价值，助推数字经济的可持续发展。

汪涛

华为常务董事、ICT 基础设施业务管理委员会主任

2024 年 1 月

前　言

　　纵观我国移动通信产业的发展历程：1987 年，第一部模拟信号移动电话开通；1998 年，向 ITU 提交 TD-SCDMA 通信标准；2016 年，建成全球最大的 LTE 通信网；2017 年，有计划地推进全球认可的 5G 通信标准。在三十多年的时间里，我国实现了从 2G 跟随、3G 突破、4G 同步到 5G 领跑的巨大成就。2019 年 10 月，我国工业和信息化部宣布启动 5G 商用，这标志着中国全面步入 5G 时代。

　　如果说 4G 开启了移动互联网时代，那么 5G 将面向物联网应用带来深层变革。5G 面向的主要场景是增强移动宽带、大规模机器类通信与超可靠低延时通信，后两个应用场景均属于物联网应用的范畴。5G 在架构设计上并没有只考虑技术层面，而是从开始就致力于将"人与人的通信"拓展到"人与物、物与物的通信"，进而实现"万物互联"甚至"万物智联"的核心愿景。

　　作为 5G 整体方案中应用与网络的汇聚点，边缘计算成为电信运营商重点培育的新业务。基于 5G 的移动边缘计算（MEC）作为开放的平台，具备快速开发、部署各种智能物联网（AIoT）应用的能力。随着 5G 网络建设速度的加快，MEC 的研究与应用速度也随之加快。MEC 有助于实现"网云协同、网随云动"，为多业务、多场景的 AIoT 应用提供快速、按需构建"通信＋计算"的全面解决方案。

　　2015 年，MEC 进入了技术成熟阶段，其标准化与产业化开始加速。2016 年，华为公司、中国科学院沈阳自动化研究所、中国信息通信研究院、Intel 公司等联合发起边缘计算产业联盟（ECC）。2017 年，全球工业互联网联盟（IIC）成立边缘计算工作组，定义边缘计算参考架构。不同专业的学者从不同角度诠释了 MEC 的相关概念，电信运营商与 IT 设备制造商纷纷提出了各自的 MEC 解决方案。

在 AIoT 的"端 – 边 – 管 – 云 – 用"架构中，5G 与 MEC 是支撑 AIoT 应用的核心技术，这在产业界与学术界已经成为共识。在编写本书之前，作者花了很多时间阅读文献、向产业界人员请教、与课题组的老师们探讨。AIoT、5G 与 MEC 属于学科交叉的前沿问题，近年来受到产业界与学术界的广泛关注，并且持续处于快速发展状态。在这样的背景下，厘清相关知识体系是一件困难的事。

本书共分为 5 章。第 1～3 章分别介绍了 AIoT、5G 与 MEC 的相关知识，包括它们的发展背景、概念、体系结构、工作原理、关键技术等；第 4 章分析了基于 EdgeGallery 平台开发 5G 边缘应用的流程；第 5 章展望了 AIoT、6G 与边缘 AI 的未来。

本书的编写得到了南开大学吴功宜教授、张建忠教授、徐敬东教授的帮助。在本书编写过程中，机械工业出版社的编辑提出了很多意见，华为公司的陈亚新、刘亮、李晶晶等专家给予了很多帮助。在此一并感谢。

限于作者的学术水平，书中难免有错误与不妥之处，恳请读者批评指正。

吴英
wuying@nankai.edu.cn
南开大学计算机学院
2024 年 3 月

目 录

第 1 章

AIoT 技术概述

随着人工智能技术的成熟和广泛应用，作为物联网（Internet of Things，IoT）的新应用形态，智能物联网（AI & IoT，AIoT）开始受到社会的广泛关注。本章将从分析 IoT 与 AIoT 的发展过程入手，系统地讨论 IoT 各发展阶段的特点、核心技术及应用，并深入探讨 AIoT 的体系结构与层次结构模型。

本章学习要点：

- 了解 IoT 的发展背景及其定义。
- 理解 AIoT 的形成与发展过程。
- 掌握 AIoT 的技术特征。
- 理解 AIoT 的技术架构与层次结构模型。

1.1 IoT 的概念

计算机网络技术正在沿着"互联网→移动互联网→物联网"的路径快速发展，潜移默化地融入各行各业与社会的各个方面，改变着人们的生活方式、工作方式与思维方式，深刻影响着社会的政治、经济、科学、教育与产业的发展模式。要研究 IoT，首先要了解 IoT 发展的社会背景与技术背景。

1.1.1　IoT 的发展背景

1. 社会背景

比尔·盖茨在 1995 年出版的《未来之路》(*The Road Ahead*)一书中描绘了他对物联网的朦胧设想与初步尝试，1998 年美国麻省理工学院的科学家们则描述了一个基于射频标签(Radio Frequency Identification，RFID)与产品电子代码(Electronic Product Code，EPC)的物联网概念与原型系统。

2005 年，ITU 在世界互联网发展年度会议上发表了题为《物联网》(*Internet of Things*)的报告。这份报告描绘了一个伟大的构想：世界上的万事万物，小到钥匙、手表、手机，大到汽车、飞机、楼房，只要嵌入一个微型的 RFID 芯片或传感器芯片，就能够通过互联网实现物与物之间的信息交互，从而形成一个无所不在的"物联网"。

2009 年，在全球金融危机的大背景之下，IBM 公司向美国政府提交了名为《智慧地球》(*Smart Earth*)的科研与产业发展报告。IBM 学者提出：智慧地球 = 互联网 + 物联网。智慧地球将传感器嵌入公路、铁路、桥梁、隧道、建筑、电网、供水系统、油气管道等各种物体中，并与超级计算机、云数据中心组成物联网，实现人与物的融合。智慧地球的概念是通过在基础设施和制造业场景中大量嵌入传感器，捕捉运行过程中的各种信息，利用无线网络接入互联网，通过计算机分析、处理和发出指令，最后反馈给控制器远程执行。控制对象小到一个开关、一台发电机，大到一个行业。通过智慧地球相关技术的实施，人类可以更精细和动态地管理生产与生活，提高资源利用率和生产能力，改善人与自然的关系。

将比尔·盖茨在《未来之路》一书中所说的"我的房子是用木材、玻璃、水泥、石头建成，同时也是用芯片和软件建成"与《智慧地球》报告中描述的"将传感器嵌入公路、铁路、桥梁、隧道、建筑、电网、供水系统、油气管道等各种物体中"联系起来，就可以体会到：在物联网的概念出现之前，小到房屋，大到公路、铁路、机场，这些钢筋混凝土构建的基础设施和建筑与高科技的传感器、芯片、通信、软件技术没有联系。有了物联网之后，在基础设施里嵌入传感器、执行器、芯片，利用通信、软件技术，就可以将"人 – 机 – 物"融为一体，让没有生命的基础设施具有

"智慧"。物联网将应用到各行各业与社会的各个方面，开启一个新的时代。

《智慧地球》报告使"物联网"这个概念浮出水面，各国政府都认识到发展物联网产业的重要性。2010 年前后，各国纷纷从国家科技发展战略的高度，制定了各自的物联网技术研究与产业发展规划。

2. 技术背景

任何一项重大科学技术发展的背后，都必然有前期的科学研究基础。在讨论物联网发展的技术背景时，需要联系到前期的两项重要研究：普适计算与信息物理系统。

（1）普适计算

普适计算（Pervasive Computing）又称为泛在计算或无处不在的计算。1991 年，美国 Xerox 实验室的 Mark Weiser 在 *Scientific American* 杂志上发表了论文" The Computer for the 21st Century"，正式提出了普适计算的概念。1999 年，欧洲研究团体 ISTAG 提出了环境智能（Environmental Intelligence）的概念。普适计算的思想是使计算机从用户的意识中消失，在物理世界中结合计算处理能力与控制能力，将人之间、人与机器之间、机器之间的交互最终统一为人与自然的交互，从而达到"环境智能"的境界。

理解普适计算的概念时，需要注意以下几个问题：

- 普适计算的重要特征是"无处不在"与"不可见"。
- 普适计算体现了信息空间与物理空间的融合。
- 普适计算的核心是"以人为本"。
- 普适计算的重点在于提供面向用户、统一、自适应的网络服务。

因此，普适计算与物联网从设计目标到工作模式有很多相似之处，普适计算的研究方法与成果对于物联网技术的研究与应用具有重要的借鉴作用。物联网的出现也使人类在实现普适计算的道路上前进了一大步。

（2）信息物理系统

随着嵌入式计算、无线通信、自动控制与新型传感器技术的快速发展与日趋成熟，信息物理系统（Cyber Physical System，CPS）的研究引起了学术界的重视。CPS通过计算、通信与控制技术的有机融合和深度协作，可以用于智能交通、智能电网、智慧城市、健康医疗、环境监控、军事国防和工业生产等领域，实现信息世界与物理世界的紧密融合。

2006年，美国科学院发布了《美国竞争力计划》报告，将CPS列为重要的研究项目。2007年，美国总统科学与技术顾问委员会在题为《挑战下的领先：竞争世界中的信息技术研发》的报告中列出了八项关键信息技术，其中CPS位列首位。2008年，美国CPS指导小组发布了《CPS执行概要》，提出将CPS的应用重点放在交通、国防、能源、医疗、农业和大型建筑设施等领域。

理解CPS研究的思路时，需要注意以下几个基本问题：

第一，CPS是"人－机－物"深度融合的系统。

CPS在物与物互联的基础上，强调对物的实时、动态控制与信息服务。CPS系统本质上是以"人－机－物"融合为目标的计算技术，以实现人的控制在时间、空间等方面的延伸。人们又将CPS称为"人－机－物融合系统"。CPS的意义在于将物理设备联网，使物理设备具有计算、通信、控制、协作与自治的五大功能。

第二，CPS是"计算－通信－控制"深度融合的系统。

CPS是一种综合计算、网络和物理环境的多维复杂系统，通过3C（Computation Communication and Control，计算、通信和控制）技术，使计算、通信和控制技术得到有机融合与深度协作，从而实现大型工程系统的实时感知、动态控制和信息服务。CPS是将计算和通信能力嵌入传统的物理系统中，形成集计算、通信与控制于一体的下一代智能系统。

第三，CPS是"环境感知－嵌入式计算－网络通信"深度融合的系统。

CPS在环境感知的基础上，形成可控、可信与可扩展的网络化智能系统，扩展新功能，使系统具有更高的智慧。学术界将CPS系统的功能总结为"感、联、知、控"四个字。

- 感：多传感器协同感知物理世界的状态。
- 联：连接物理世界与信息世界的人、机、物。
- 知：通过对感知信息的智能处理，正确、全面地认识物理世界。
- 控：根据正确的认知，确定控制策略、发出指令，指导执行器来实现对物理世界的控制。

从应用的角度来看，CPS 希望克服已有的传感器系统、计算机系统、控制系统自成一体、设备应用目标单一、缺乏开放性的缺点，注重多个系统之间的互联、互通与互操作，开发标准的互联协议和解决方案，通过开发智能计算、通信、智能与控制技术，提供系统智能化、快速响应的能力，满足用户需要的高质量智能服务，有效地将 CPS 技术应用于医疗、自动导航、无人驾驶汽车、无人机、智能工业等领域。

尽管 CPS 与 IoT 是沿着两条不同的路径发展而来，但是这两条路径存在很多交集。CPS 技术的发展和普及将推动工业产品和技术的升级换代，极大地提高汽车、航空航天、国防、重大基础设施等领域的竞争力。CPS 的研究目标正是物联网未来发展的方向。因此，我们在研究 IoT 应用时，应该学习、借鉴与应用 CPS 技术的研究成果，使 IoT 与 CPS 之间能够形成一种自然衔接和良性互动的关系。

综上所述，我们可以用图 1-1 描述 IoT 的形成与发展过程。

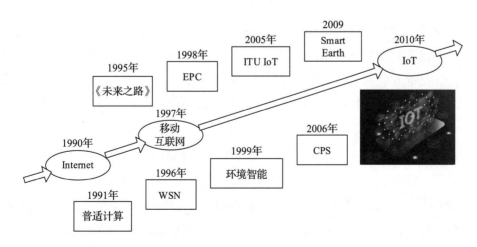

图 1-1　IoT 的形成与发展过程

1.1.2   IoT 的定义

在 IoT 技术发展与完善的过程中，关于 IoT 的代表性定义主要有以下几种，它们的研究背景与出发点各有不同。

- 国际电信联盟（ITU）的定义：IoT 是信息社会的全球性基础设施，基于现有及不断演进、可操作的信息与通信技术，通过物理和虚拟设备的互联互通来提供更高级的服务。

- 电气与电子工程师协会（IEEE）的定义：IoT 能够将唯一标识的 "物"（things）连接到互联网。这些 "物" 具有感知 / 执行能力，同时具有一定的可编程能力。利用 "物" 的唯一标识和感知能力，任何对象可以在任何时刻从任何位置采集相关信息，并且可以改变 "物" 的状态。

- 欧盟第七框架下的 RFID 与物联网项目组（CERP-IoT）的定义：IoT 是一个动态的全球网络基础设施，具有基于标准和互操作通信协议的自组织能力，其中的 "物" 具有身份标识、物理属性、虚拟的特征与智能的接口，并与信息网络无缝整合。

- 维基百科（Wikipedia）的定义：IoT 是像家用电器一样的物体互联的网络，它将传感器装备到电网、铁路、桥梁、隧道、公路、建筑、供水系统、大坝、油气管道及家用电器等各种物体上，通过互联网连接，运行特定的程序，进而实现远程控制。这个定义相对比较通俗且易于理解。

- 2009 年，《关于支持无锡建设国家传感器创新示范区（国家传感网信息中心）情况的报告》中的定义：IoT 是以感知为目的，实现人与人、人与物、物与物全面地互联的网络。其突出的特征是通过各种感知方式获取物理世界的各种信息，结合互联网、移动通信网等进行信息的传递与交互，再采用智能计算技术对信息进行分析处理，从而提升人们对物质世界的感知能力，实现智能化的决策与控制。这个定义更符合国内技术人员对于 IoT 的认识与研究现状。

- 《物联网工程导论》[⊖]一书中的定义：IoT 是在互联网、移动通信网等通信网的基础上，针对不同应用领域的需求，利用具有感知、通信与计算能力的智能物体自动获取物理世界的各种信息，将所有能够独立寻址的物理对象互联，实现全面感知、可靠传输、智能处理，构建人与物、物与物互联的智能网络信息服务系统。

⊖ 该书已由机械工业出版社出版，ISBN 为 978-7-111-38821-0。——编辑注

从上述这些定义中可以看出，物联网不是简单实现"鼠标"+"水泥"的数字化与信息化，而是需要进行更高层次的整合，实现透彻感知、泛在互联、智慧处理，提高信息交互的正确性、灵活性、效率与响应速度，以达到人、物与信息基础设施的完美结合，实现人类社会与信息社会的深度融合。物联网使人类能够以更精细和动态的方式管理生产和生活，从而达到"智慧"的状态。

1.2 从 IoT 到 AIoT

随着人工智能技术的成熟和广泛应用，以"AI 与 IoT 深度融合"为特征的 AIoT 受到产业界与学术界的高度重视。研究从 IoT 到 AIoT 的发展过程，需要了解 AIoT 发展的社会背景与技术背景。

1.2.1 AIoT 的发展背景

1. 社会背景

"十二五"期间，我国的物联网发展与发达国家保持同步，成为全球物联网发展最活跃的国家之一。"十三五"期间，在"创新是引领发展的第一动力"的方针指导下，物联网进入了跨界融合、集成创新和规模化发展的新阶段。

2016 年 5 月，在《国家创新驱动发展战略纲要》中，将"推动宽带移动互联网、云计算、物联网、大数据、高性能计算、移动智能终端等技术研发和综合应用，加大集成电路、工业控制等自主软硬件产品和网络安全技术攻关和推广力度，为我国经济转型升级和维护国家网络安全提供保障"作为战略任务之一。

2016 年 8 月，在《"十三五"国家科技创新规划》中，"新一代信息技术"的"物联网"专题中提出："开展物联网系统架构、信息物理系统感知和控制等基础理论研究，攻克智能硬件（硬件嵌入式智能）、物联网低功耗可信泛在接入等关键技术，构建物联网共性技术创新基础支撑平台，实现智能感知芯片、软件以及终端的产品化"。在"重点研究"中提出"基于物联网的智能工厂""健康物联网"等研究内容，并将"显著提升智能终端和物联网系统芯片产品市场占有率"作为发展目标之一。

2016 年 12 月，《"十三五"国家战略性新兴产业发展规划》提出实施"网络强国"战略，加快"数字中国"建设，推动物联网、云计算和人工智能等技术向各行业全面融合渗透，构建万物互联、融合创新、智能协同、安全可控的新一代信息技术产业体系。

2017 年 4 月，《物联网的"十三五"规划（2016—2020 年)》指出：物联网正进入跨界融合、集成创新和规模化发展的新阶段。物联网将进入万物互联发展新阶段，智能可穿戴设备、智能家电、智能网联汽车、智能机器人等数以万亿计的新设备将接入网络。物联网智能信息技术将在制造业智能化、网络化、服务化等转型升级方面发挥重要作用。车联网、健康、家居、智能硬件、可穿戴设备等消费市场需求更活跃，驱动物联网和其他前沿技术不断融合，人工智能、虚拟现实、自动驾驶、智能机器人等技术取得新突破。

2020 年 7 月，国家标准化管理委员会、工业和信息化部等五部门联合发布《国家新一代人工智能标准体系建设指南》明确指出，新一代人工智能标准体系建设的支撑技术主要包括：大数据、物联网、云计算、边缘计算、智能传感器、数据存储及传输设备。关键领域技术标准主要包括：自然语言处理、智能语音、计算机视觉、生物特征识别、虚拟现实/增强现实、人机交互等。物联网标准建设主要包括：规范人工智能研发和应用过程中涉及的感知和执行关键技术要素，为人工智能各类感知信息的采集、交互与互联互通提供支撑。新一代人工智能标准体系建设将进一步加速 AI 技术与 IoT 的融合，推动 AIoT 技术的发展。

2021 年 3 月，《中华人民共和国国民经济和社会发展第十四个五年规划和 2035 年远景目标纲要》的第 11 章第 1 节"加快建设新型基础设施"中指出：推动物联网全面发展，打造支持固移融合、宽窄结合的物联接入能力。加快构建全国一体化大数据中心体系，强化算力统筹智能调度，建设若干国家枢纽节点和大数据中心集群，建设大型超级计算中心。积极稳妥发展工业互联网和车联网。加快交通、能源、市政等传统基础设施数字化改造，加强泛在感知、终端联网、智能调度体系建设。同时，提出构建基于 5G 的应用场景和产业生态，在智能交通、智慧物流、智慧能源、智能医疗等重点领域开展试点示范。纲要明确了 AIoT 在"十四五"期间的建设任务，规划了 2035 年的发展远景目标。

2. 技术背景

2018 年出现的 AIoT 是云计算、边缘计算、5G、大数据、人工智能、数字孪生、区块链等新技术在物联网应用中交叉融合、集成创新的产物。

（1）云计算

云计算（Cloud Computing）并不是一个全新的概念。早在 1961 年，计算机先驱 John McCarthy 就预言："未来的计算资源能像公共设施（如水、电）一样被使用"。为了实现这个目标，在之后的几十年里，学术界和产业界陆续提出了集群计算、网格计算、服务计算等技术，而云计算正是在这些技术的基础上发展而来。

云计算作为一种利用网络技术实现的随时随地、按需访问和共享计算、存储与软件资源的计算模式，具有以下几个主要的技术特征：按需服务、资源池化、泛在接入、高可靠性、降低成本、快速部署。

物联网开发者可以将系统构建、软件开发、网络管理任务部分或全部交给云计算服务提供商，自己专注于规划和构思物联网应用系统的功能、结构与业务系统的运行。物联网客户端的各种智能终端设备（包括智能感知与控制设备、个人计算机、智能手机、智能机器人、可穿戴计算设备），都可以作为云终端在云计算环境中使用。

云计算平台可以为物联网应用系统提供灵活、可控和可扩展的计算以及存储与网络服务，成为 AIoT 集成创新的重要信息基础设施。

（2）边缘计算

随着智能工业、智能交通、智能医疗、智慧城市等应用的发展，数以千亿计的感知与控制设备、智能机器人、可穿戴计算设备、智能网联汽车、无人机接入物联网，物联网应用对网络带宽、延时、可靠性方面的要求越来越高。传统的"端－云"架构已经难以满足高带宽、低延时、高可靠性的物联网应用需求，在这样的背景下，基于边缘计算与移动边缘计算的"端－边－云"架构出现了。

边缘计算（Edge Computing）概念的出现可以追溯到 2000 年。边缘计算的发展与面向数据的计算模式的发展是分不开的。随着数据规模的增大和对数据处理实时性要求的提高，研究人员希望在靠近数据的网络边缘增加数据处理能力，将计算任务从计算中心迁移到网络边缘。最初的解决思路是采用分布式数据库模型、P2P 模型及 CDN 模型。1998 年出现的内容分发网络（CDN）采用基于互联网的缓冲网络，通过在互联网边缘节点部署 CDN 缓冲服务器，降低用户远程访问 Web 网站的数据传输延时，加速内容提交。在早期的边缘计算中，"边缘"仅限于分布在世界各地的 CDN 缓冲服务器。随着边缘计算研究的发展，"边缘"资源的概念已经从最初的边缘节点设备，扩展到从数据源到核心云路径中的任何可利用的计算、存储与网络资源。

2013 年，5G 研究催生了移动边缘计算（Mobile Edge Computing，MEC）。MEC 是一种在接近移动用户的无线接入网的位置部署，能够提供计算、存储与网络资源的边缘云或微云。它能够避免端节点直接通过主干网与云计算中心通信，从而突破云计算服务的限制。随着 5G 应用的发展，MEC 正在形成一种新的生态系统与价值链，并成为一种标准化、规范化的技术。2014 年 9 月，欧洲电信标准化协会（ETSI）成立了 MEC 工作组，针对 MEC 的应用场景、技术要求、体系结构开展研究。MEC 在研究之初只适用于电信公司的移动通信网。2017 年 3 月，ETSI 将 MEC 更名为多接入边缘计算（Multiple-access Edge Computing），将 MEC 扩展到其他无线接入网（如 Wi-Fi），以满足物联网对 MEC 的应用需求。

2012 年，雾计算（Fog Computing）概念问世。雾计算被定义为一种将云计算中心任务迁移到网络边缘设备执行的虚拟化计算平台。通过为移动节点与云端之间路径上的计算与存储资源部署计算节点，构成层次化的雾计算体系。移动节点可以就近访问雾服务器缓存内容，以减轻主干链路的带宽负荷，提高数据传输的实时性与可靠性。雾计算的概念是由计算机网络研究人员提出的。雾计算从开始就考虑在电信运营商提供的 MEC 服务之外，允许非电信用户通过自有设备（包括服务器、路由器、网关、AP 等）提供 MEC 服务。

随着 5G 应用的发展，MEC 作为支撑 5G 应用的关键技术受到重视。电信运营商看到了 MEC 发展的重要性，于是投入大量资金大规模部署移动边缘云。从 Google 搜索的统计数据来看，从 2017 年开始，MEC 的社会关注度逐渐超过雾计算。

综上所述，基于 MEC 的物联网"端 – 边 – 云"的网络结构能够为超高带宽、超低延时、高可靠性的 AIoT 应用提供技术支持。

（3）大数据

随着商业、金融、医疗、环保、制造业领域的大数据分析能力越来越强，通过获取重要知识衍生出很多有价值的新产品与新服务，人们对"大数据"重要性的认识也日益深刻。2008 年之前，这种大数据量的数据集通常称为"海量数据"。2008 年，*Nature* 杂志出版了一期专刊，专门讨论未来大数据处理的挑战，提出了"大数据"（Big Data）的概念。产业界将 2013 年称为大数据元年。

随着物联网的快速发展，新的数据不断产生、汇聚、融合，这种数据量增长已经超出人类的预想。无论是数据的采集、存储与维护，还是数据的管理、分析与共享，对人类都是一种挑战。

大数据并不是一个确切的概念。到底多大的数据是大数据，不同的学科领域、不同的行业有不同的理解。目前，可看到三种大数据的定义。第 1 种定义是将大到不能用传统方法处理的数据称为大数据。第 2 种定义是将大小超过标准数据库工具软件能够收集、存储、管理与分析的数据集称为大数据。第 3 种定义是维基百科给出的定义：无法使用传统和常用的软件技术与工具在一定的时间内获取、管理和处理的数据集称为大数据。数据量的大小不是判断大数据的唯一标准，判断数据是否为"大数据"，需要看它是否具备"5V"特征：大体量（Volume）、多样性（Variety）、时效性（Velocity）、准确性（Veracity）和大价值（Value）。

物联网中的大数据研究与一般的大数据研究有共性的一面，也有个性的一面。共性的一面首先表现在大数据分析的基本内容上。大数据分析的基本内容包括可视化分析、数据挖掘算法、预测性分析能力、语义引擎、数据质量与数据管理。这五个内容在物联网大数据分析中依然存在。但是，物联网行业应用也有它的特殊要求，需要注意物联网产生的大数据与一般大数据的不同。物联网大数据具有异构性、多样性、实时性、颗粒性、非结构化、隐私性等特点。

物联网的智能交通、智能工业、智能医疗中的大量传感器、RFID 标签、视频监控器、工业控制系统产生大量数据是造成数据"爆炸"的重要原因之一。物联网为大数据技术发展提出了重大应用需求，成为大数据技术发展的重要推动力。在物联网中，通过不同的感知手段获取大量数据不是目的；通过对大数据进行智能处理，提取正确的知识并准确地反馈控制信息，才是物联网对大数据研究提出的真正需求。

（4）5G

随着物联网规模的超常规发展，大量的物联网应用系统将部署在山区、森林、水域等偏僻地区。很多物联网感知与控制节点密集部署在大楼内部、地下室、地铁与隧道中，4G网络及技术已难以适应，只能寄希望于5G网络及技术。

物联网涵盖智能工业、智能交通、智能医疗与智能电网等行业，业务类型多、需求差异大。在智能工业的工业机器人与工业控制系统中，节点之间的感知数据与控制指令传输必须保证是正确的，延时必须在毫秒量级，否则就会造成工业生产事故。无人驾驶汽车与智能交通控制中心之间的感知数据与控制指令传输同样必须保证是准确的，延时必须控制在毫秒量级，否则会造成车毁人亡的重大交通事故。物联网中对反馈控制的实时性、可靠性要求高的应用对5G的需求格外强烈。

ITU明确了5G的三大应用场景：增强移动宽带通信、大规模机器类通信与超可靠低延时通信。其中，大规模机器类通信应用场景面向以人为中心的通信和以机器为中心的通信，面向智慧城市、环境监测、智慧农业等应用，为海量、小数据包、低成本、低功耗的设备提供有效的连接方式。超可靠低延时通信应用主要满足车联网、工业控制、移动医疗等行业的特殊应用对超高可靠、超低延时通信场景的需求。5G作为物联网集成创新的通信平台，有力地推动着AIoT应用的发展。

（5）人工智能

人工智能（Artificial Intelligence，AI）是计算机科学、控制论、信息论、神经生理学、心理学、语言学等多学科高度发展、紧密结合、互相渗透而发展起来的一门交叉学科。但是，"人工智能"至今仍然没有一个被大家公认的定义。不同领域的研究者从不同角度给出了不同的定义。最早的人工智能的定义是"使一部机器的反应方式就像是一个人在行动时所依据的智能"。有的科学家认为"人工智能是关于知识的科学，即怎样表示知识、获取知识和使用知识的科学"。一种通俗的解释是人工智能大致可分为两类：弱人工智能和强人工智能。弱人工智能是能够完成某种特定任务的人工智能；强人工智能是具有人类同等的智慧，能表现人类所具有的所有智能行为或超越人类的人工智能。

人工智能诞生的时间可追溯到 20 世纪 40 年代，期间经历了三次发展热潮。第一次热潮出现在 1956～1965 年，第二次热潮出现在 1975～1991 年，第三次热潮出现在 2006 年至今。

2006 年，以深度学习（Deep Learning）为代表的人工智能掀起第三次热潮。"学习"是人类智能的主要标志，也是人类获取知识的基本手段。"机器学习"研究计算机模拟或实现人类的学习行为，以获取新的知识与技能，不断提高自身能力的方法。自动知识获取成为机器学习的研究目标。提到"学习"，首先会联想到上课、作业、考试。上课时，跟着老师学习属于"有监督"的学习；课后做作业，需要自己完成，属于"无监督"的学习。平时做的课后习题是学习系统的"训练数据集"，而考试题属于"测试数据集"。学习好的同学由于平时训练好，因此考试成绩好；学习差的同学由于平时训练少，因此考试成绩差。如果将学习过程抽象表述，那就是：学习是一个不断发现并改正错误的迭代过程。机器学习也是如此。为了让机器自动学习，需要准备三份数据：训练集、验证集与测试集。

- 训练集是机器学习的样例。
- 验证集用于评估机器学习阶段的效果。
- 测试集用于在学习结束后评估实战的效果。

第三次人工智能热潮的研究热点主要是机器学习、神经网络与计算机视觉。在过去几年中，图像识别、语音识别、机器人、人机交互、无人驾驶汽车、无人机、智能眼镜等越来越多地使用了深度学习技术。

机器学习系统的主要组成部分是数据。物联网的数据来自不同行业、应用、感知设备，包括人与人、人与物、物与物等各种数据。这些数据可以进一步分为：环境数据、状态数据、位置数据、行为数据与控制数据，它们具有明显的异构性与多样性。因此，物联网数据是机器学习的"金矿"。物联网智能数据分析广泛应用了机器学习方法，它们越来越依赖于大规模的数据集和强大的计算能力；云计算、大数据、边缘计算、5G 技术的发展为人工智能与物联网的融合提供了巨大的推动力。

（6）数字孪生

工业 4.0 促进了数字孪生的发展。2002 年，数字孪生（Digital Twin）这个术语出现。传统的控制理论与方法已不能满足物联网复杂大系统的智能控制需求。2019 年，随着"智能＋"概念的兴起，数字孪生成为产业界与学术界研究的热点。

数字孪生是基于人工智能与机器学习技术，它将数据、算法和分析决策结合在一起，通过仿真技术将物理对象映射到虚拟世界，在数字世界建立一个与物理实体相同的数字孪生体，通过人工智能的多维数据复杂处理与异常分析，合理地规划、实现对系统与设备的精准维护，预测潜在的风险。数字孪生的概念涵盖以下几个基本内容：

- 驱动数字孪生发展的五大要素是感知、数据、集成、分析、执行，它们与物联网是完全一致的。
- 数字孪生的核心技术包括多领域、多尺度仿真建模，数字驱动与物理模型融合的状态评估，生命周期数据管理，虚拟现实呈现，以及高性能计算等。
- 在 5G 应用的推动上，数字孪生表现出"精准映射、虚实交互、软件定义与智能控制"的特点。

数字孪生是在物联网、云计算、大数据与智能技术的支撑下，通过对产品全生命周期的"迭代优化"和"以虚控实"方法，彻底改变了传统的产品设计、制造、运行与维护技术，将极大地丰富智能技术与物联网技术融合的理论体系，为物联网的闭环智能控制提供新的设计理念与方法。目前，数字孪生正从工业应用向智慧城市等综合应用方向发展，从而进一步提升物联网的应用效果与价值。

（7）区块链

区块链与机器学习被评价为未来十年可能提高人类生产力的两大创新技术。区块链（Blockchain）技术始于 2009 年。目前，区块链正在融入各行各业与社会的各个方面。

人类的文明起源于交易，交易的维护和提升需要有信任关系。一个交易社会需要有稳定的信用体系，这个体系有三个要素：交易工具、交易记录与交易权威。互联网金融打破了传统的交易体系，我们依赖了几百年的信任体系受到严峻的挑战。区块链作为"去中心化"协作、分布式数据存储、"点－点"传输、共识机制、加密算法、智能合约等技术在网络信任管理领域的集成，能够剔除网络应用中最薄弱的环节与最根本缺陷（即人为因素），因此研究人员认为区块链将成为重新构造社会信任体系的基础。

物联网存在与互联网类似的问题。物联网应用系统要为每个接入的节点（如传感器、执行器、网关、边缘计算设备与移动终端）配置一个节点名、分配一个地址、关联一个账户。账户要记录对传感器、执行器、网关、边缘计算设备、移动终端设备的感知、执行、处理之间的数据交互，以及高层用户对节点数据查询与共享的行为数据。物联网系统管理软件要随时对节点账户进行审计，检查对节点账户进行查询、更新的用户身份与权限是否合法，发现异常情况要立即报警和处置。同时，物联网中物流与供应链、云存储与个人隐私保护、智能医疗中个人健康数据的合法利用和保护、通信与社交网络中的用户网络关系维护，都会用到区块链技术。"物联网＋区块链"（BIoT）将成为建立物联网系统可信、可用、可靠的信任体系的理论基础。目前，区块链已经应用到物联网的智慧城市、智能制造、供应链管理、数字资产交易、可信云计算与边缘计算等领域，并将逐步与实体经济深度融合。物联网、区块链与人工智能等技术的融合应用，将引发新一轮的技术创新和产业变革。

综上所述，AIoT 的形成与发展的过程如图 1-2 所示。

1.2.2　AIoT 的定义

传统的物联网实现了终端数据采集到云端数据处理的过程。通过大量传感器与其他终端设备采集来自环境的数据，再通过互联网将它们传输到云平台，然后通过互联网接收来自云平台的反馈。在传统物联网中，数据的计算与存储都在云平台，而智能物联网是以数据处理为中心，通过传感器与其他终端设备实现实时的数据采集，在终端设备、边缘节点或云平台通过数据挖掘或机器学习方法进行智能化处理与理解，最终形成一个智能化的物联网系统。与传统物联网的云端数据处理模式相比，在智能物联网中，从云平台、边缘节点到终端设备都能够参与到感知、学习与决策的过程中。

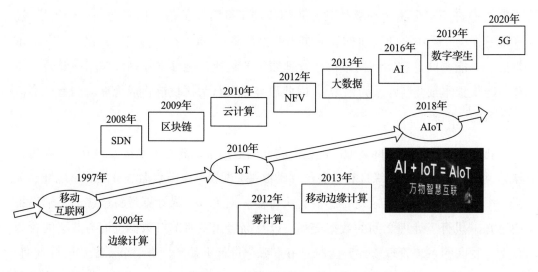

图 1-2   AIoT 形成与发展过程

在 AIoT 技术发展与完善的过程中，关于 AIoT 的代表性定义主要有以下几种，它们的研究背景与出发点各有不同。

- 维基百科的定义：AIoT 是将人工智能技术与物联网基础设施结合，以实现更高效的物联网运营，改善人机交互，提高数据管理与分析能力。
- 2020 年《中国智能物联网白皮书》中的定义：AIoT 是人工智能与物联网的协同应用，它通过物联网系统中的传感器实现实时信息采集，在终端、边缘或云中实现智能数据分析，最终形成一个智能化的生态体系。
- 2023 年西北工业大学研究人员在发表于《计算机学报》的论文中定义：AIoT 是通过人工智能、边缘计算、物联网等技术的深度融合，赋能感知、通信、计算、应用等路径实现万物智联，呈现泛在智能感知、云边端协同计算、分布式机器学习、人机物融合等新特征，具有更高灵活性、自组织性、自适应性、持续演化的 IoT 系统。

智能物联网是人工智能与物联网技术相互融合的产物。随着物联网终端设备的广泛应用与普及，由终端设备生成的数据量呈爆炸式增长趋势，人工智能技术有助于物联网实现智能感知与互联，提升感知与连接的广度、深度及有效性。人工智能还能为物联网中数据的智能分析与处理提供支持，为物联网应用的效能提升与自主优化赋能，为用户提供更加个性化与智能化的体验，这就是所谓的"AI for IoT"。物联网应用的普及为人工智能提供了海量的数据，也为人工智能的应用落地提供了需求。随着智能芯片、感知设备的持续发展与小型化，终端设备具有越来越强的智能数据处理能力，异构智能体的协作感知计算为人工智能赋予了新特点，这就是所谓的"IoT for AI"。

通过以上的讨论，我们对 AIoT 的内涵有以下几点新的认识：

- AIoT 并不是一种新的物联网，它是物联网与智能技术成熟应用、交叉融合的必然产物，标志着物联网技术、应用与产业进入了一个新的发展阶段。
- AIoT 推进了"物联网 + 云计算 + 边缘计算 +5G+ 大数据 + 智能决策 + 智能控制 + 区块链"等新技术与各行各业、社会的各个层面的深度融合与集成创新。
- AIoT 的核心是智能技术的应用，研究目标是使物联网最终达到"感知智能、认知智能与控制智能"的境界。

1.3　AIoT 的技术特征

1.3.1　AIoT"物"的特征

接入物联网中的"物"有很多种类型，人们习惯将它们称为"实体""设备""对象"或"智能对象"。一些文献将物联网定义为"智能对象"之间通信的系统。为了统一"物"的名称，ITU-T Y.2060 将"物"用实体（entity）、端节点（node）、对象（object）、设备（device）与 CPS 设备（CPS device）表述。本书中统一用"实体"或"设备"来表述。

实体与设备的定义如下：

- 实体：物理世界（物理实体）或虚拟世界（虚拟实体）中的一个对象，能够被识别和集成到通信网络中。

- 设备：必须具有通信功能，并可能具有感知、移动、数据收集、存储和处理功能的装置。

理解实体与设备定义的内涵时，需要注意以下几个问题：

第一，很多自然界中的实体并不具有通信与计算能力，例如人、动物、商品、零件、树、岩石、水、空气等。一些低端的传感器、执行器也不具备通信与计算能力。这些实体根据物联网应用的具体需求，可以通过嵌入式技术集成到物联网智能终端中，借助智能终端设备接入物联网；或者通过配置智能设备（如可穿戴计算设备等），使它具备通信和计算能力，并接入物联网中；再或者通过传感器监控对象（例如树、岩石、水、空气等）的状态，间接地接入物联网。

第二，在日常生活中，人们所说的"物"（things）、"实体"（entity）一般是指物理世界中看得见、摸得着的物体。由于物联网系统中大量采用虚拟化技术，因此 ITU-T Y.2060 将物联网中的"实体"从"物理实体"扩展到"虚拟实体"。虚拟实体包括虚拟机、虚拟网络、虚拟存储器、虚拟服务器、虚拟路由器、虚拟集群、数字孪生体等，它也是物联网中可标识、可接入、可识别、可寻址、可控制的对象。

第三，物联网的"设备"采用嵌入式技术，将传感器、执行器集成到嵌入式设备中，再将嵌入式设备接入物联网。例如，将嵌入血糖传感器、血压传感器与胰岛素注射装置的智能医疗手环佩戴在糖尿病患者的腕上，手环每隔 1 分钟将患者的血糖、血压值发送到远程监控中心。医生可根据采集到的数据结合数学模型，分析和判断患者的身体状况。一旦指标出现异常，系统会在必要时发出注射胰岛素的指令，手环将执行注射操作，并继续向医疗中心发送实施注射之后感知的人体生理参数。这样，嵌入式智能设备使人体具有一定的通信与计算能力。物联网硬件设备与被监测实体就变成了物联网中的一个感知 / 执行节点。

应用于不同场景的物联网节点的共同特征是：

- 具有唯一的、可识别的身份标识。
- 具备一定的通信、计算与存储能力。

图 1-3 描述了物联网中"物"的特征。

大到智能电网中的高压铁塔、智能交通系统中的无人驾驶汽车与道路基础设施，或者是飞机、坦克与军舰等

什么是物联网中的"物"？

物联网中的"物"被抽象为"实体"或"设备"

实体 / 设备

小到智能手表、智能手环、智能眼镜、RFID 标签，甚至是纳米传感器

可以是智能工厂生产线上复杂的工业机器人，也可以是简单的智能钥匙、智能插座、智能灯泡等

可以是有生命的人，或者是带耳钉的牛，也可以是无生命的植物、山体岩石、公路或桥梁

可以是智能传感器、纳米传感器、无线传感器节点、RFID 标签、GPS 终端，也可以是到处可见的视频摄像头

可以是服务机器人、工业机器人、水下机器人、无人机、无人驾驶汽车、家用电器、智能医疗设备，也可以是可穿戴计算设备

如果患者通过穿着的智能背心或安装的智能手臂，老人通过智能拐杖接入智能医疗系统中，那他们不就成为物联网中的"物"了吗？

图 1-3   物联网中"物"的特征

1.3.2 AIoT "网" 的特征

1. 物联网网络技术可借鉴的成功范例

物联网分为消费类物联网和产业物联网。支撑物联网应用系统运行的网络系统也相应地分为两类：一类是支撑消费类物联网的网络系统，另一类是支撑产业物联网的网络系统。人们通常认为，支撑消费类物联网的网络结构和设计方法与互联网类似，它们的区别主要在接入网方面。

其实也不尽然。有经验的网络安全研究人员的共识是：如果一个网络应用系统的规模和影响较小，或者是经济价值与社会价值较低，黑客一般是不会关注的。反之，网络应用系统的经济价值与社会价值越高，系统中传输与存储的数据越重要，其中涉及的个人隐私或企业商业秘密越多，也就越会成为黑客 "关注" 的重点。网络入侵防御系统（IPS）经常检测到有人用各种方法扫描网络设备与用户口令，窥探或企图渗透到网络内部，随时发动网络攻击。严峻的网络安全现实警示我们，网络安全是物联网发展的前提。因此，我们必须站在安全的角度去研究物联网中 "网" 的特征。

实际上，在互联网时代，电子政务、网络银行、智能电网等对系统安全性要求很高的应用系统的安全、可靠运行，已经为物联网提供了成功范例。图 1-4 给出了电子政务与智能电网的网络结构。IP 专网（或虚拟专网 VPN）与互联网之间实现的 "物理隔离、逻辑连接"，有力地保障了各种互联网应用的成功运行。

物联网应用正在从单一设备、单一场景的局部小系统不断向大系统、复杂大系统方向演变。无论研究人员将复杂系统划分成多层结构，还是划分为多个功能模块或功能域，多个层次或多个功能模块或功能域之间必然要通过网络技术互联，通过数据与指令交互来实现物联网的服务功能。

ISO/IEC 的 IoT 参考模型将 IoT 系统划分为五大功能域：感知与控制域、操作与控制域、应用服务域、资源与交换域、IoT 用户域。它们都需要通过网络互联起来，与物理对象构成一个有机的整体。网络作为支撑物联网应用系统的信息基础设施，担负着在不同功能域之间实现数据通信，以及与外部其他系统实现资源共享和信息交互的任务。互联网成熟的网络系统架构设计方法，为物联网系统设计提供了可借鉴的成功经验。

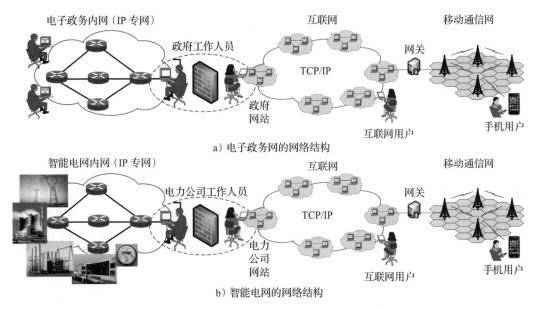

a）电子政务网的网络结构

b）智能电网的网络结构

图 1-4　电子政务网与智能电网的网络结构

2. 支撑物联网应用系统网络结构的共性特征

无论是智能工业、智能交通、智能医疗、智能物流、智能电网应用系统，还是覆盖范围为一个行业、一个地区，甚至是一个国家或全球的网络，都可以通过分析、对比与总结，找出它们之间的共性特征。我们以一个大型连锁零售企业的网络系统结构为例，分析支撑物联网应用系统网络结构的共性特征（如图 1-5 所示）。

由于物联网具有行业性服务的特点，从企业运营模式与网络安全的需要出发，一个大型连锁零售企业的网络系统必然要分成两个部分：企业内网与企业外网。

企业内网由三级网络组成：连锁店与超市网络系统，地区分公司、存储与配送中心网络系统，以及总公司网络系统。连锁店与超市网络系统将每天的销售、库存数据传送到地区分公司；地区分公司系统再汇总传送到总公司。总公司管理整体的销售信息统计与分析、监督计划执行，决定采购、配送、销售策略的制定与运行。作为大型

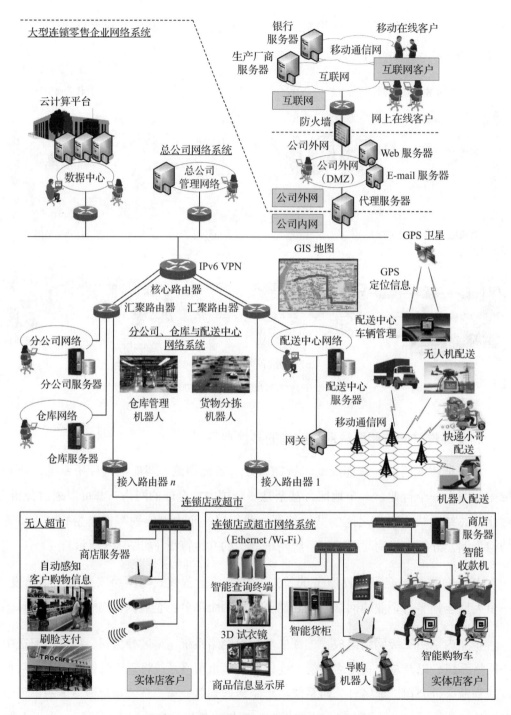

图 1-5　大型连锁零售企业的网络系统结构

连锁零售企业，必然要在总公司主干网中设置一个数据中心。数据中心用来存储与企业经营相关的数据。根据企业的计算与存储需求，数据中心的网络服务器可能是一台或几台企业级服务器、服务器集群，也可能是私有云。由于企业内网上会传送大量涉及商业机密与用户隐私的信息，这些数据需要绝对保密，因此企业内网不能与互联网或其他网络直接连接，也不允许任何企业之外的用户直接访问内网资源。

企业外网承担着与客户、供货商以及银行的信息交互任务，同时具有宣传本公司商品与销售信息，接受与处理顾客的查询、定购、售后和投诉信息的功能，因此外网需要连接在互联网上，通过 Web 服务器、E-mail 服务器与用户、相关企业网互联。出于网络安全的考虑，企业外网与企业内网之间需要设置安全管理区 DMZ（也称为"非军事化区"），采用具有防火墙功能的代理服务器（Proxy Server）连接，以保护企业内网。任何外部客户或合作企业的用户不能直接访问企业内网，所有外部用户的信息交互必须由专人或网关软件选择、处理与转换之后，才能够通过代理服务器发送给企业内网。代理服务器要起到严格地安全隔离外部网络与内部网络的作用。

智能工厂的网络系统的结构具有一定的代表性。例如，在智能工业中，工厂的企业网络都是按内网与外网的结构来组建的。企业内网一般存储、传输与处理两类信息：一类是企业管理信息，另一类是产品制造的数据与过程控制信息。企业管理信息包含企业产品设计、产品制造、企业运行数据等涉及产品知识产权与商业机密的信息，产品制造过程控制系统涉及生产过程中的指令与反馈信息。

显然，企业内网必须是专用网络，或者是采用 VPN 技术构建的专用网络，不能与互联网或其他外部网络直接连接。VPN 概念的核心是"虚拟"和"专用"。"虚拟"表示在公共传输网中，通过建立"隧道"或"虚电路"方式建立一种"逻辑网络"；"专用"是指 VPN 可以为接入的网络与主机提供安全与保证服务质量的传输服务。外部人员不允许通过任何途径直接访问企业内网，企业必须通过外网与合作企业、供货商、销售商、银行和客户等交换信息。可见，支持智能工业应用的网络系统与大型连锁零售企业的网络系统具有共性的特征。同样，我们也可以分析出智能交通、智能医疗、智能农业、智能安防、智能家居等应用的共性特征。

图 1-6 描述了 AIoT 中"网"的共性特征。需要注意的是，图中的企业内网采用的是专网模式。

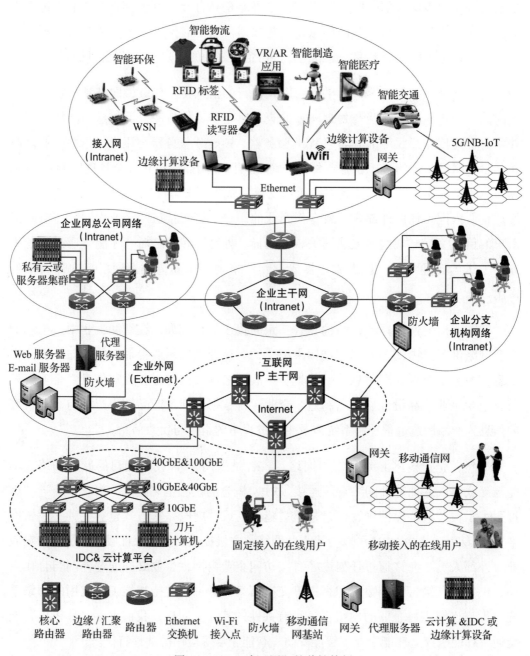

图 1-6 AIoT 中"网"的共性特征

理解 AIoT 中"网"的共性特征时，需要注意以下几个基本问题。

第一，使用 TCP/IP 的物联网应用系统是否一定要连接到互联网？

答案是否定的。互联网使用 TCP/IP 协议栈，但并不是所有使用 TCP/IP 协议栈的网络都是互联网，也不是一定要连接到互联网，或者一定要基于互联网来组建。读者可能认为，这不是显而易见的事吗，为什么要单独提出来讨论？实际上，最简单的概念往往最容易混淆。目前，在物联网技术领域存在一个误区。在很多有关物联网与安全技术的讨论中，通常将使用 TCP/IP 协议栈的网络都归结为互联网，忽视物联网与互联网在网络结构与组建方法上的区别，导致混淆了互联网与物联网之间重要的区别。

在现实的应用中，无论是电子政务网、银行业务网、智能电网、智能工业网，还是智能医疗网、智能物流网、智能安防网，任何一个行业性物联网应用系统都将自己的网络分为内网与外网两个部分。例如，智能工厂的高层管理网络、制造车间的生产管理网络以及底层的过程控制网络，银行业务网与各分支机构的资金流通网络，电力控制中心网络与连接各个输变电站的控制网络，以及医院医疗诊断、远程手术的支持网络都属于内网。关于内网，有以下几个基本原则必须遵守：

- 凡是涉及需要保密的业务数据、控制指令，只能在内网中传输。
- 内部网络用户不能以任何方式私自将内网的设备接入互联网，或在内网的计算机中接入没有被授权的外设（包括 U 盘等存储设备）。
- 互联网的外部用户不允许用任何方法渗透到内网，非法访问内部数据与服务。物联网应用系统的内网必须与互联网实现物理隔离。
- 外部用户如果需要访问内网，可以通过互联网发送服务请求，然后以外网与内网连接的用户代理服务器等网络安全设备作为代理，将用户请求转发到企业内网或政务内网中。
- 企业内网或政务内网将外部用户访问请求的处理结果发送到代理服务器，再由代理服务器通过互联网转发给外部用户，实现外部用户与内网的逻辑连接。

任何一位具有电子政务网、电子商务网、企业网设计经验的系统架构师，都不会将对数据安全性要求高的内网直接接入互联网，因为任何一次来自互联网的网络攻击都可能给企业物联网应用系统造成灾难性的后果,将企业内网与互联网直接连接也不符合国家对信息系统安全等级评测的基本要求。

第二,Internet/Intranet/Extranet 与物联网网络结构设计是什么关系?

互联网、外网与内网的结构是计算机网络技术中 Internet/Intranet/Extranet 网络结构构建方法的具体实现。

- Intranet 是采用 TCP/IP 组建的企业内网。内网采用防火墙等网络安全措施,将可信的内网和不可信的外网分开,保证内网是一个独立、可控、可信的网络系统。
- Extranet 是采用 TCP/IP 组建的企业外网,用于从逻辑上连接企业内网与互联网。Extranet 是 Internet 与 Intranet 之间安全连接的桥梁。

物联网应用系统的企业主干网、企业总公司网、企业分支机构网以及接入网采用 Intranet 组网模式,与 Internet 保持物理隔离;通过 Extranet 实现与 Internet 的逻辑互通,以便保护物联网内网的安全,实现物联网的服务功能。

物联网的网络体系结构采用计算机网络技术中 Internet/Intranet/Extranet 网络结构构建方法,这正是物联网应用系统中"网"的基本特征。

1.3.3 AIoT "智"的特征

AIoT 中"智"的特征主要表现在以下几个方面。

1. 感知智能

传感器、控制器与移动终端设备正在向智能化、微型化方向发展。智能传感器是将传感器与智能技术相结合,应用机器学习方法,形成具有自动感知、计算、检测、校正、诊断功能的新一代传感器。与传统传感器相比,智能传感器具有以下特点:

- 自学习、自诊断与自补偿能力
智能传感器采用智能技术与软件,通过自学习,能够根据所处的实际感知环境调整传感器的工作模式，提高测量精度与可信度；能够对采集数据进行预处理，剔除错误或重复数据，进行数据的归并与融合；能够采用自补偿算法，调整传感器对温度漂移的非线性补偿方法；能够根据自诊断算法，发现外部环境与内部电路引起的不稳定因素，采用自修复方法改进传感器工作的可靠性。

- 复合感知能力

通过集成多种传感器，使智能传感器对物体与外部环境的物理量、化学量或生物量具有复合感知能力，可以综合感知压力、温度、湿度、声强等参数，帮助人类全面感知和研究环境的变化规律。

- 灵活的通信组网能力

智能传感器具有灵活的通信能力，能够提供适合有线与无线通信网的标准接口，具有自主接入无线自组网的能力。

2. 交互智能

智能人机交互关注用户与 AIoT 之间交互的智能化问题，这是 AIoT 的一个重要研究领域。人机交互的研究不可能仅靠计算机与软件来解决，它涉及人工智能、心理学、行为学等诸多复杂的问题，属于交叉学科研究的范畴。AIoT 智能软硬件的设计必须摒弃传统的人机交互方式，研究新的智能人机交互技术与设备。

比如，AIoT 智能硬件研发建立在机器学习技术之上。智能硬件的人机交互方式可采用文字交互、语音交互、视觉交互、虚拟交互、人脸识别，以及虚拟现实 / 增强现实等新技术；对于可穿戴计算设备、智能机器人、自动驾驶汽车、无人机等智能设备，它们在设计、研发、运行中，也无处不体现出机器学习 / 深度学习的应用效果（如图 1-7 所示）。

3. 通信智能

AIoT 接入中采用了多种无线通信技术。频率匮乏与频段拥挤是无线接入必须面对的难题。认知无线电具有环境频谱感知与自主学习能力，能够动态、自适应地改变无线发射参数，实现动态频谱分配和频谱共享，是智能技术与无线通信技术融合的产物。

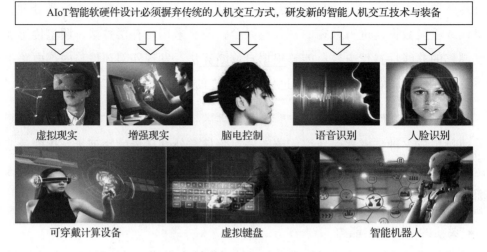

图 1-7　AIoT 智能人机交互

5G 边缘计算部署已进入工程应用阶段，物联网边缘分析（IoT Edge Analytics）、边缘计算智能中间件（MLaaS）与边缘人工智能（Edge AI）目前仍处于研究初始阶段，它们的发展和应用将推动通信智能水平的提升。

继 5G 之后，6G 将广泛应用于更高性能的 AIoT 应用。6G 设计的关键挑战是在设计之初就考虑将无线通信与 AI 技术融合，让 AI 无处不在。也就是说，6G 网络不是在设计好之后才考虑如何应用 AI 技术，而是使 6G 网络架构具备原生 AI 支持能力。

4. 处理智能

AI 是知识和智力的总和，在数字世界中可表现为"数据 + 算法 + 计算能力"，简称"算力"。其中，海量数据来自各行各业、各种维度，算法需要通过科学研究来积累，而数据的处理和算法的实现都需要大量计算能力。

计算能力是 AI 的基础。"人 – 机 – 物 – 智"之间成功协作的关键是计算能力。大数据分析理论的核心是数据挖掘算法，各种算法基于不同的数据类型和格式，才能更加科学地呈现出数据自身的特点，从中挖掘出有价值的知识。预测分析是利用各种统计、建模、数据挖掘工具对近期数据和历史数据进行研究，从而对未来进行预测。

基于 AIoT 的智能工业、智能医疗、智能家居、智慧城市等应用系统中大量使用了语音识别、图像识别、自然语言理解、计算机视觉等技术，物联网数据聚类、分析、挖掘与智能决策成为机器学习 / 深度学习应用最为成熟的领域之一。

5. 控制智能

传统的智能控制已不适应大规模 AIoT 应用的需求。数字孪生被引入虚拟空间，建立虚拟空间与物理空间的关联与信息交互，通过数字仿真、基于状态的监控与机器学习，将"数据"转变成"知识"，准确地预见未来，实现"虚实融合、以虚控实"的目标。

物联网智能控制技术已经取得了重大的进展。在计算机仿真技术基础上发展起来的数字孪生技术在智能工业、智慧城市的应用和研究，为物联网复杂大系统的智能控制实现技术研究提供了新的思路。

6. 原生支持智能

传统的设计方法是在 IoT 系统设计完成之后，再考虑如何应用智能技术。未来的 AIoT 系统设计必然要改变传统的设计思路，在系统设计之初就考虑如何将物联网技术与智能技术有机地融合起来，使智能无处不在。原生支持智能是 AIoT 的发展愿景，也是 AIoT 的重要研究课题之一。

1.4 AIoT 的架构

1.4.1 AIoT 架构的研究

在谈到体系结构时，人们立刻就会想到计算机体系结构与冯·诺依曼架构、计算机网络体系结构与 OSI 参考模型，以及互联网体系结构。这说明了以下两点：

- 对于一个复杂的计算机系统或计算机网络系统，我们需要抽象出能够体现不同类型计算机和计算机网络的基本、共性特征的结构模型。
- 体系结构的研究水平是评价一项技术的成熟度的重要标志。

在深入研究物联网时，人们自然会想到应该用一个恰当的体系结构来描述物联网的问题。在讨论物联网的体系结构时，我们需要回忆计算机网络体系结构概念产生与形成的过程，它会带来很多重要的启示。

20 世纪 70 年代后期，人们逐步认识到计算机网络层次结构模型与协议标准的不统一，会带来形成多种异构的计算机网络系统的后果，给今后大规模的网络互联造成很大困难，并且会限制计算机网络自身的发展。20 世纪 80 年代初，国际标准化组织（ISO）经研究正式公布了开放系统互连参考模型（OSI RM），也就是我们常说的"七层模型"，它是研发计算机网络的参考模型和体系结构标准。按照 OSI RM 的定义：网络层次结构模型与协议共同构成了网络体系结构（Network Architecture）。

但是，任何一种技术标准都必须接受市场的选择。在市场竞争中，互联网中广泛应用的 TCP/IP 协议体系最终取代 OSI 参考模型成为事实上的产业标准。无论是称为网络体系结构、网络层次结构还是网络参考模型，其实质都是对网络结构共性特征的抽象表述，对网络协议体系组织结构的描述，指导开发者如何设计网络应用系统总体结构，以及如何选择实现网络服务功能的合适技术。

物联网行业的应用系统功能差异大，系统结构与协议标准复杂，这给研究物联网应用系统的规划与设计方法造成很大困难。无论物联网应用系统多么复杂，它们必然会存在一些内在的共性特征，重要的是能否准确总结出这些基本特征，并找出合理的层次结构模型。从计算机网络层次结构模型与体系结构的发展过程中，可以得到两点启示：

- 研究物联网技术必须研究物联网的层次结构参考模型与体系结构。
- 任何一种物联网层次结构模型与体系结构最终都要接受实践的检验。

2018 年，智能物联网（AIoT）的概念问世。AIoT 推进了"物联网＋云计算＋5G＋边缘计算＋大数据＋智能＋控制"技术的融合创新，将物联网技术、应用与产业推向一个新的发展阶段。那么，如何用一种简洁的技术架构模型来表述 AIoT 应用系统的共性特征，并且能够用这种架构模型来指导、规划、设计 AIoT 应用系统，这是物联网研究的一个重要问题。

随着各行各业在 AIoT 应用方面研究的深入，我们发现不同行业、不同应用场景的 AIoT 应用系统有很大差异。例如，工业物联网与消费类物联网应用系统之间的差异是非常明显的。为了总结出不同 AIoT 应用系统的共性特征，必须在掌握大量 AIoT 应用的成功案例的基础上，进行深入分析与总结，才能得出有价值的结论，这需要经过一定的时间、知识与经验的积累。

目前，产业界与学术界比较通行的方法主要有两种：一是集中精力研究某个产业的某类应用系统的共性特征，总结出这类应用系统的 AIoT 层次结构参考模型与体系结构；二是从更宏观的角度，从支撑 AIoT 的关键技术出发，在研究 AIoT 技术架构的基础上，进而提出 AIoT 层次结构参考模型，指导 AIoT 应用系统的规划、设计与工程实现。我们将采用第二种方法来研究 AIoT 技术架构与层次结构模型。

1.4.2　AIoT 的技术架构

我们基于《物联网工程导论》一书提出的 IoT 层次结构模型，综合各个国际标准化组织和研究机构发表的 IoT 层次结构模型的特点，结合 AIoT 自身的特点及支撑 AIoT 发展的新技术，将 AIoT 应用系统的总体功能分解到不同层次，明确各层实现相关功能所需采用的技术和协议，提出了 AIoT 的技术架构与 AIoT 层次结构模型。图 1-8 描述了 AIoT 的技术架构。

1. 技术架构

AIoT 的技术架构由 6 层组成：感知层、接入层、边缘层、核心交换层、应用服务层与应用层。

（1）感知层

感知层是物联网的基础，用于实现感知、控制以及用户与系统交互的功能。感知层主要包括传感器、执行器与 WSN，RFID 标签、读写器与 EPC 网络，智能手机与 GPS 终端，智能家电、智能仪器 / 仪表与智能生产设备，以及可穿戴计算设备、机器人、无人机、智能网联汽车等，它们涉及嵌入式计算、可穿戴计算、智能硬件、物联网芯片、物联网操作系统、智能人机交互、深度学习和可视化技术。

图 1-8　AIoT 的技术架构

（2）接入层

接入层承担着将海量、多种类型、分布广泛的物联网设备接入 AIoT 应用系统的功能。接入层采用的接入技术包括：有线与无线技术。有线接入技术包括 Ethernet、ADSL、HFC、光纤接入、电力线接入、现场总线、工业以太网等；无线接入技术包括近场通信 Wi-Fi、BLE、ZigBee、WPAN、WBAN、WSN、NB-IoT、5G C-RAN、H-CRAN 等。

（3）边缘层

边缘层又称为边缘计算层，它将计算与存储资源（如微云 Cloudlet、移动边缘计算节点、雾计算节点等）部署在更接近于移动终端设备或传感器网络的边缘，将很多对实时性、带宽与可靠性有很高需求的计算任务迁移到边缘云中处理，以便减小任务响应延时、满足实时性应用需求，优化与改善终端用户体验。边缘云与远端核心云之间协同，形成了"端－边－云"的三级结构模式。

（4）核心交换层

为了提供行业性、专业性的物联网服务，核心交换层承担着将接入网与分布在不同地理位置的业务网络互联的广域主干网的任务。对网络安全要求高的核心交换网需要分为内网与外网两大部分，内网与外网之间通过安全网关来连接。构建核心交换网内网可采用 IP 核心交换网、企业专网、VPN 或 5G 核心网技术。

（5）应用服务层

应用服务层软件运行在云计算平台之上。云平台可以是私有云，也可以是公有云、混合云或社区云。应用服务层为应用层需要实现的功能提供服务。它提供的共性服务主要包括：从物联网感知数据中挖掘出知识的大数据技术；根据大数据分析结论，向高层用户提供可视化的智能决策技术；通过反馈控制指令，实现闭环的智能控制技术；数字孪生将大大提升物联网应用系统控制的智能化水平；区块链将为构建物联网应用系统的信任体系提供重要的技术手段。

（6）应用层

应用层包括智能工业、智能农业、智能家居、智能交通、智能电网、智能医疗、智能环保、智能安防、智能物流等行业应用。无论是哪类应用，从系统实现的角度来看，都是要将代表系统预期目标的核心功能分解为多个简单和易于实现的功能。每个功能的实现要经历复杂的信息交互过程，对信息交互过程需要制定一系列通信协议。因此，应用层是实现某类行业应用的功能、运行模式与协议的集合。研发人员将依据通信协议，根据任务需要来调用应用服务层的不同服务功能模块，实现物联网应用系统的总体服务功能。

尽管应用层软件也是运行在云计算平台上，但是从功能分层的角度以及逻辑关系上，还是应该将应用层与应用服务层区分开，应用服务层侧重于为行业应用提供共性服务与软件模块，而应用层侧重于提供行业应用功能实现的方法与技术。应用服务层不可能涵盖行业应用中复杂的功能与协议，应用层与应用服务层之间需要协作，才能够实现物联网应用系统的总体服务功能。

2. 跨层共性服务

在讨论物联网技术架构的同时，必须注意与各个功能层都有交集的跨层、共性的服务。这些服务主要包括：网络安全、网络管理、ONS 与 QoS/QoE 保证体系。

（1）网络安全

网络安全涉及物联网从感知层到应用层的各个层次，小到接入传感器、执行器的接入网中的局域网、BLE、ZigBee、Wi-Fi、5G 或 NB-IoT，大到核心交换网、云计算网络，都存在网络安全问题，并且各层之间相互关联、相互影响。

（2）网络管理

将接入网、核心交换网与后端网络使用的大量网络设备，接入各种感知、执行、计算节点，它们相互连接构成物联网网络体系；各层之间都要交换数据与控制指令。因此，网络管理同样涉及各层，并且是各层之间相互关联与相互影响的共性问题。

（3）ONS

在计算机网络中，"名字"标识一个对象，"地址"标识对象所在的位置，"路由"确定到达对象所在位置的方法。整个网络活动是建立在"名字 – 地址 – 路由"的基础上。显然，每个连接到物联网的"物"都需要有一个全网唯一的"名字"与"地址"。物联网的对象名字服务（Object Name System，ONS）包括命名规则与"名字 / 地址解析"服务。

物联网的 ONS 功能与互联网的 DNS 功能类似。在互联网中，我们在访问一个

Web 网站之前，首先要通过 DNS 查询网站的 IP 地址。以 RFID 标签为例，在物联网中要查询 RFID 标签对应的物品详细信息，必须借助 ONS 服务器、数据库与服务器体系。与互联网的 DNS 体系一样，为了提高系统的运行效率，必须在物联网中建立本地 ONS 服务器、高层 ONS 服务器及根 ONS 服务器，形成覆盖整个物联网的随时、随地、便捷地提供对象名字解析服务的 ONS 服务体系。

（4）QoS/QoE

在互联网的发展过程中，人们花费了很大精力解决服务质量（Quality of Service，QoS）问题。物联网传输的信息既包括海量的感知信息，又包括反馈的控制信息；既包括对安全性、可靠性要求很高的数字信息，又包括对实时性要求很高的视频信息，以及对安全性、可靠性与实时性要求都高的控制信息。在物联网应用中，用户关心的不仅是客观的 QoS，还包括在 QoS 基础上加上人为主观因素的体验服务质量（Quality of Experience，QoE）。因此，物联网对数据传输的 QoS/QoE 要求比互联网更复杂，必须在整个物联网体系结构的各层通过协同工作方式加以保证。

1.4.3　AIoT 的层次结构模型

综合 AIoT 的技术架构与跨层共性服务的讨论，我们总结出图 1-9 所示的 AIoT 层次结构模型，它是由"六个层次"与"四个跨层共性服务"组成的。

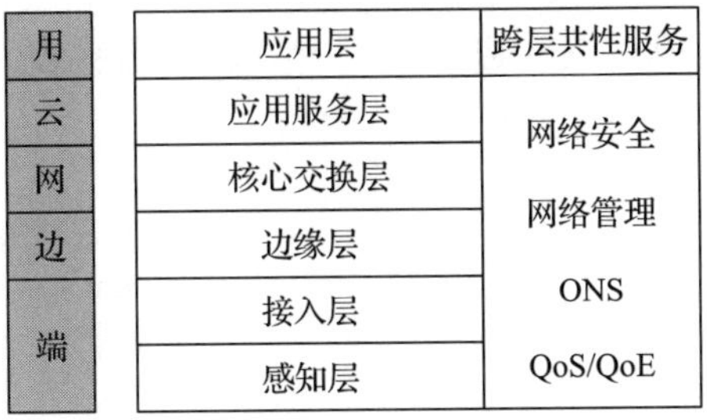

用 云 网 边 端	应用层	跨层共性服务
	应用服务层	网络安全 网络管理 ONS QoS/QoE
	核心交换层	
	边缘层	
	接入层	
	感知层	

图 1-9　AIoT 层次结构模型

由于感知层的传感器、执行器与用户终端设备通过接入层接入物联网之后，成为物联网的"端节点"，系统架构师一般将感知层与接入层统称为"端"，因此可以将 AIoT 层次结构模型用"端 – 边 – 网 – 云 – 用"来表述。在产业界，系统架构师一般使用更简洁和容易记忆的术语来表述 AIoT 层次，一种提法是"端 – 边 – 管 – 云"，这里用"管"（即通信管道）来表示"网"。由于应用服务层与应用层软件都是在云计算平台上运行，因此另一种更简洁的提法是用"端 – 边 – 云"来表述 AIoT 层次。

1.5 本章总结

1）物联网的发展具有深厚的社会与技术背景。全球信息化为物联网的发展提供了原动力；计算、通信与感知的融合为物联网的发展奠定了理论基础；普适计算与 CPS 研究为物联网技术的研究与产业发展指明方向。

2）物联网对科技与社会发展的作用表现在技术的交叉融合性、产业的带动性、应用的渗透性等方面。

3）物联网是在互联网的基础之上发展起来的，两者在网络体系结构研究方法、网络核心技术与协议体系、网络应用实现技术、网络安全等方面有很多相通之处。

4）物联网提供行业性、专业性与区域性的服务，数据主要通过自动感知方式获取。因此，物联网是虚实结合、可反馈、可控制的闭环系统。

5）AIoT 并不是一种新的物联网，它是物联网与云计算、边缘计算、5G、大数据、人工智能、数字孪生、区块链等新技术融合的产物，标志着物联网技术、应用与产业进入一个新的发展阶段。

6）AIoT 层次结构模型由"六个层次"与"四个跨层共性服务"组成，可以用"端 – 边 – 网 – 云 – 用"或"端 – 边 – 管 – 云"或"端 – 边 – 云"来表述。

第 2 章

5G 技术概述

5G 是下一代移动通信网的核心技术，也是支撑 AIoT 应用发展的关键技术。5G 能够提供更大的网络带宽、更低的传输延时、更高的连接密度，能够更好地支持设备的移动性。本章在介绍 5G 技术发展背景的基础上，系统地讨论 5G 的技术特征、性能指标与应用场景，以及 5G 对 AIoT 应用的推动作用，最后讨论 5G-Advanced 技术的演进。

本章学习要点：

- 掌握 5G 的概念。
- 了解 5G 网络的基本架构。
- 理解 5G 的关键性能指标。
- 了解 5G 典型的应用场景。
- 了解 5G-Advanced 技术的演进。

2.1 5G 的概念

2.1.1 5G 产生的背景

移动通信技术从 20 世纪 70 年代出现后经过多年发展，已经逐步渗透到各行各业中，并且深刻地影响着人类的工作与生活方式。在发展过程中，移动通信系统经历了从第一代（1G）到第五代（5G）的变迁。

基于模拟技术的 1G 移动通信仅支持模拟语音业务。采用数字技术的 2G 移动通信（例如 GSM）能够支持数字语音、短信息等低速率数据业务。3G 移动通信将业务范围扩展到图像传输、视频传输、网页浏览等移动互联网业务。虽然移动互联网应用在 3G 时代的用户体验并不好，但是用户的巨大需求为 4G 移动通信的发展提供了巨大的动力。

2004 年，3GPP 开始研究 4G 移动通信系统，其 LTE 网络的核心技术是 OFDM、MIMO 等。2009 年，3GPP 公布了 4G 的第 1 版技术标准 R8。2009 年，全球第一个商用 LTE 网络在瑞典的斯德哥尔摩与挪威的奥斯陆建成，能够为手机用户提供 100Mbit/s 的数据传输速率。到 2014 年 10 月，全球 119 个国家（地区）建成了 354 个商用 LTE 网络。4G 网络在全球范围大规模部署及手机终端日趋成熟，促进了移动互联网与物联网应用的快速发展，同时对 5G 移动通信提出了迫切需求。

2012 年 9 月，欧盟在第七框架计划（FP7）下启动了名为 5GNOW 的研究课题，由德国、法国、匈牙利等国的 6 家研究机构共同承担。该课题的主要研究方向是 5G 物理层技术。2012 年 11 月，欧盟在 FP7 下启动了名为 METIS 的 5G 研究课题，共有 29 家单位（包括通信设备生产商、电信运营商、汽车生产商、研究机构等）参与，主要针对如何满足未来的移动通信需求开展广泛研究。2014 年 1 月，欧盟正式推出了 5G PPP（5G Public-Private Partnership）项目，其成员包括通信设备生产商、电信运营商、研究机构等，计划在 2020 年前开发 5G 技术，到 2022 年正式投入商业运营。

2013 年 6 月，韩国政府主导成立了 5G 技术论坛（5G Forum），成员包括其国内主要的通信设备生产商、电信运营商、研究机构、高等院校等。该论坛提出了韩国的 5G 国家战略与中长期发展计划，致力于推动 5G 关键技术的研究。根据韩国在 2013 年制订的"5G 移动通信促进战略"，在 2015 年前要实现 Pre-5G 技术，在 2018 年平昌冬奥会上示范 5G 应用，最终在 2020 年正式实现 5G 商用。2013 年 10 月，日本无线工业及商贸联合会（ARIB）成立了 5G 研究组，致力于 5G 服务、系统结构、无线接入等方面的研究，并计划在东京奥运会前实现 5G 网络的商业运营。

我国政府非常重视 5G 的长远目标制订、技术规划、发展战略等工作。2013 年 2 月，我国的科技部、工业和信息化部、国家发展和改革委员会联合组织成立了 IMT-2020（5G）推进组，成员包括通信设备生产商、电信运营商、高等院校、研究机构等，致力于打造聚合我国产学研用力量、推动我国 5G 技术研究与开展国际交流合作的平台。另外，我国的 863 计划分别于 2013 年 6 月与 2014 年 3 月启动了 5G 重大项目一期与二期研发课题，前瞻性地部署了 5G 需求、技术、标准、频谱、知识产权等方面的研究任务。在 2020 年前，上述两个 863 计划课题全面开展了 5G 关键技术研究，包括体系结构、无线传输与组网、新型天线与射频、新频谱开发与利用等。

2019 年 6 月，我国工业和信息化部正式向中国电信、中国移动、中国联通、中国广电网络等公司颁发了基础电信业务经营许可证，批准这四家电信运营商经营"第五代数字蜂窝移动通信业务"，这标志着中国的 5G 时代正式拉开帷幕。经过 4 年的快速发展，我国的 5G 网络建设取得了巨大的成果。根据中国互联网络信息中心（CNNIC）发布的《第 53 次中国互联网络发展状况统计报告》的统计数据，截至 2023 年 12 月，我国 5G 基站已达到 337.7 万个，5G 通信用户达到 8.05 亿人。

2.1.2　5G 的发展目标

移动互联网与物联网是移动通信发展的两大动力，这也为 5G 技术的发展提供了巨大的需求与广阔的前景。5G 的发展目标是构建以用户为中心的全方位信息服务系统，最终实现任何人或任何物体之间在任何时间、任何地点的信息共享服务。2014 年 5 月，IMT-2020（5G）推进组发布了《5G 愿景与需求》白皮书，其中展望了未来 5G 的整体愿景（如图 2-1 所示），并且讨论了 5G 网络的性能指标。

移动互联网主要面向以人为主体的通信服务，更关注的是为人提供更好的用户体验，并进一步改变人类社会的信息交互方式。例如，通过虚拟现实、增强现实、超高清视频、云端办公等新技术，为用户提供身临其境、极致体验的信息交互，并为很多已有的移动互联网应用注入新的活力。为了保证人在各种特殊应用场景（例如体育场、演唱会、展览会等超高密度环境，或高铁、地铁、高速公路等高速移动环境）中能够获得与普通场景一样良好的用户体验，除了对 5G 的数据传输速率与延时有更高要求，还面临着超高用户密度与超高移动性带来的挑战。

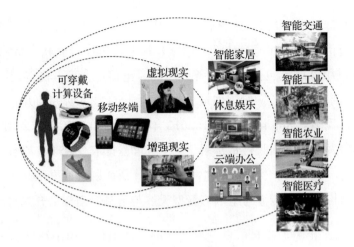

图 2-1   未来 5G 的整体愿景

物联网的出现进一步扩大了移动通信的服务范围,从以人为中心的通信延伸到以机器为中心的通信(物与物之间、人与物之间的智能互联),也促使移动通信渗透到工业、农业、交通、能源、医疗、教育、金融、环保等众多领域。物联网在不同领域的应用推动了各类差异化物联网业务的快速增长,将数以百亿计的物联网终端设备接入网络,真正地实现了"万物互联、智能共享"。为了更好地支持物联网应用的快速发展,5G 网络迫切需要解决物联网的海量终端密集连接的基本需求,以及不同物联网应用的业务需求差异(例如低延时、高可靠、低能耗、低成本等)。

综上所述,5G 将面对以人为中心和以机器为中心的通信共存,以及各类特征各异的移动互联网应用、物联网应用共存的局面,这给未来的 5G 网络带来了巨大挑战。这些挑战主要集中在以下几个方面:

- 超高的用户体验速率。
- 超低的传输延时。
- 超高的用户密度。
- 超高的移动速度。
- 海量的终端连接。

2.1.3 5G 的定义

经过全球产业界与学术界的共同推动，在 2015 年 6 月召开的 ITU-R WP5D 第 22 次会议上，ITU 将 5G 技术正式命名为 IMT-2020，并且明确了 5G 的应用场景、性能指标、发展时间表等重要内容。不同国家和研究组织都对 5G 给出了各自的定义，这些定义基本都涉及 5G 的发展目标、应用场景、性能指标等内容。

1. ITU 对 5G 的定义

ITU 确定的 5G 三大应用场景是增强移动宽带、大规模机器类通信与超可靠低延时通信。ITU 给出的 5G 性能指标主要包括：用户体验速率、峰值速率、延时、移动性、连接密度、流量密度、设备能耗、频谱效率等。不同应用场景关注的性能指标不同，每种场景通常更关注上述性能指标中的几种。

（1）增强移动宽带

3G/4G 移动通信的主要驱动力来自移动宽带业务，移动宽带仍然是 5G 最重要的应用场景。不断增长的业务需求对移动宽带提出了更高的要求，这就推动了增强移动宽带（enhance Mobile Broadband，eMBB）的出现。eMBB 应用场景在现有移动宽带业务的基础上增加了新的应用领域，也进一步提升了性能并提供了无缝用户体验。eMBB 的应用场景主要面向以人为中心的通信。

eMBB 的应用场景又可以划分为两类：广覆盖场景和热点场景。其中，广覆盖场景是移动通信的广域覆盖模式，致力于提供更高的移动性、无缝的用户体验，但是对传输速率的要求低于热点场景；热点场景满足局部区域内大量用户接入与高速传输需求，致力于提供更高的用户密度、更大的业务容量，但是对移动性的要求低于广覆盖场景。

（2）大规模机器类通信

大规模机器类通信（massive Machine Type of Communication，mMTC）是 5G 拓展的应用场景，涵盖了以人为中心的通信和以机器为中心的通信。其中，以人为中心的通信主要是 3D 游戏、触觉互联网等，这类应用的特点是低延时与超高数据传输速率。以机器为中心的通信主要面向智慧城市、环境监测、智慧农业等领域，为海量接入、小数据包、低成本、低能耗设备提供有效的连接方式。mMTC 应用场景更关注接入密度、覆盖范围、设备能耗、部署成本等方面的指标。

（3）超可靠低延时通信

超可靠低延时通信（ultra-Reliable Low Latency Communication，uRLLC）是以机器为中心的通信，主要用于满足车联网、工业控制、智能医疗等行业的特殊应用对超高可靠性、超低延时的通信需求。其中，超低延时与超高可靠性指标同等重要。例如，车联网应用中的传感器监测到道路存在危险情况，如果传感器数据或控制指令的消息传输延时过长，或者控制指令在处理或传输过程中丢失，都有可能导致车辆无法及时做出制动等控制动作，进而酿成车毁人亡的重大交通事故。

根据 5G 业务的性能需求与信息交互对象，ITU 进一步给出了 5G 主要应用的分布情况（如图 2-2 所示）。

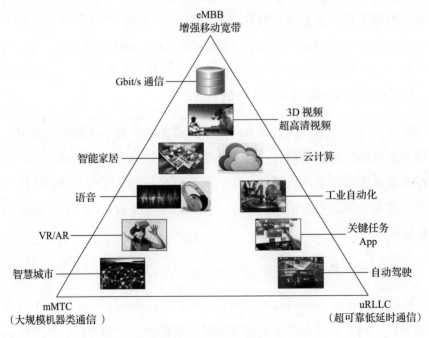

图 2-2　5G 主要应用的分布情况

ITU 对 5G 技术的研发及标准化工作也有明确的时间规划。到 2015 年底，要完成 5G 发展愿景、相关技术、频谱使用等方面的研究工作；到 2017 年底，为征集 5G 相关的候选技术做准备，并制定技术评估方法；到 2020 年底，完成 5G 候选技术征集、技术评估、关键技术选择等工作，并最终制定 5G 相关标准。从 2021 年开始，推动各个国家、地区的 5G 网络建设，推动 5G 技术尽快进入商业运营阶段。

2. 3GPP 对 5G 的定义

在 ITU 确定的 5G 三大应用场景的基础上，3GPP 增加了一个网络运营方面的应用场景，主要提供网络切片、灵活路由、互操作、节约能耗等功能。5G 针对具体应用场景的配置优化需要支持多样化的需求，但是有些需求之间可能相互冲突，例如 uRLLC 场景的高可靠性与低延时需求。与 3G/4G 能够提供一个满足所有需求的网络系统不同，5G 网络要通过多种方式同时支持对多种场景的配置优化。因此，3GPP 确定 5G 网络需要具备开放性、可编程、可扩展等能力，以便适应未来的业务发展与需求变化。

2.1.4　5G 的性能指标

5G 通常应用于人们的居住、工作、休闲与交通区域，特别是人口密集的居住区、办公区、体育场、晚会现场、地铁、高速公路、高铁等场所。这些区域的 5G 使用存在超高流量密度、超高接入密度、超高移动性的特点，因此对 5G 性能提出了很高的要求。

1. 5G 的关键性能指标

为了满足移动通信网与物联网的各种业务需求，不同的机构对 5G 网络的技术指标开展研究，确定 5G 网络的性能指标主要包括：峰值速率、流量密度、连接数密度、延时、移动性等。表 2-1 给出了 ITU 定义的 5G 的关键性能指标。

表 2-1　ITU 定义的 5G 的关键性能指标

名称	定义	ITU 指标
峰值速率	在理想条件下，用户可获得的最大数据传输速率	20Gbit/s

（续）

名称	定义	ITU 指标
用户体验速率	在实际负荷下，用户普遍可获得的最小数据传输速率	100Mbit/s
延时	包括空口延时与端－端延时，这里是指空口延时	小于 1ms
移动性	在特定场景中，用户可获得体验速率的最大移动速度	500km/h
流量密度	单位地理面积上可达到的总数据吞吐量	10Tbps/km^2
连接数密度	单位地理面积上可支持的在线设备数量	10^6 个 /km^2
能效	单位能耗下可达到的数据吞吐量	4G 的 100 倍
频谱效率	单位频谱资源上可达到的数据吞吐量	4G 的 3 倍

（1）峰值速率

峰值速率是指在理想信道条件下，网络覆盖范围内的单个用户能够获得的最大数据传输速率，单位是 Gbit/s。5G 网络的峰值速率分为两种情况，在一般条件下要求达到 10Gbit/s，在特定条件下要求达到 20Gbit/s。

（2）用户体验速率

用户体验速率是指在网络忙碌的状态下，网络覆盖范围内的所有用户普遍能够获得的最小数据传输速率，单位是 Mbit/s。用户体验速率首次作为衡量移动通信网的核心指标。在实际应用中，用户体验速率与无线环境、接入设备数、用户位置等因素相关，通常采用 95% 比例统计方法来评估。在不同的应用场景下，5G 网络支持不同的用户体验速率，在广覆盖场景下要求达到 100Mbit/s，在热点区域中要求达到 1Gbit/s。

（3）流量密度

流量密度是指在网络忙碌的状态下，网络覆盖范围内的单位面积上能够达到的数据吞吐总量，单位是 bps/km^2。流量密度是衡量典型区域内数据传输能力的重要指标，例如体育场、露天会场等局部热点区域的数据传输能力。在实际应用中，流量密度与网络拓扑、用户分布等因素相关。5G 网络的流量密度要求每平方公里达到 10Tbit/s。

（4）连接数密度

连接数密度是指在网络忙碌的状态下，网络覆盖范围内的单位面积上能够支持的在线终端总数，单位是个 / km²。在线是指移动终端正在以特定的 QoS 进行通信。5G 网络的连接数密度要求每平方公里支持 100 万个在线设备。

（5）延时

延时可以分为两类：空口延时与端 – 端延时。其中，空口延时是指移动终端与基站之间无线信道传输数据经历的时间；端 – 端延时是指移动终端之间传输数据经历的时间，其中包含了空口延时。延时可以用往返传输时间（RTT）或单向传输时间（OTT）来衡量。5G 网络的空口延时要求低于 1ms。

（6）移动性

移动性是指在满足特定 QoS 与无缝切换条件下，移动终端能够达到的最大移动速度，单位是 km/h。移动性主要针对高铁、地铁、高速公路等特殊场景。在这些移动场景下，5G 网络的移动性要求达到 500km/h。

（7）能效与频谱效率

能效是指单位能耗下可达到的数据吞吐量，ITU 要求 5G 的能效是 4G 的 100 倍。频谱效率是指单位频谱资源上可达到的数据吞吐量，ITU 要求 5G 的频谱效率是 4G 的 3 倍。

2. 对 5G 指标的感性认识

为了使读者能够直观地感受 5G 技术的优越性，研究人员给出了对 5G 关键指标的感性认识的描述（如表 2-2 所示）。

表 2-2　从用户角度对 5G 关键指标的感性认识

名称	ITU 指标	感性认识
峰值速率	20Gbit/s	在单用户理想情况下，1 秒可下载 2.5GB 的视频
用户体验速率	100Mbit/s	1）用户可随时随地体验 4G 峰值速率 2）标清视频、高清视频、4K 超高清视频所占带宽分别为 1Mbit/s、4Mbit/s、50Mbit/s，5G 网络可提供足够的用户体验速率

(续)

名称	ITU 指标	感性认识
延时	小于 1ms	1）在普通场景中，如果电影画面以 24 帧 /s 的速率播放，相当于延时 41.6s，人的视觉感受流畅；如果声音超前或滞后画面小于 40ms，人不会感到声音与画面不同步 2）在移动场景中，如果汽车以 60km/h 的速度行驶，1ms 延时带来的刹车距离为 17m
移动性	500km/h	目前国内投入运营的高铁的最高时速为 350km/h，5G 网络支持用户在高铁行驶中的所有应用场景下的通信需求
连接数密度	10^6 个 /km^2	深圳有 1077.89 万人，面积为 1996.85 平方公里，人口密度为每平方公里 5398 人。在该人口密度下，5G 网络支持每人平均接入 18.5 个终端设备

2.1.5 5G 的技术特征

随着移动互联网与物联网应用的快速发展，各类应用对移动网络的性能指标提出了更高的要求，这些差异化的业务需求给 5G 网络带来了巨大挑战。为了满足移动网络流量提升 1000 倍以上、用户体验速率提高 10~100 倍的需求，5G 网络不仅要大幅度提高无线接入网的容量，还要增加核心网、主干传输链路与回传链路的容量。下面，我们简要介绍 5G 用于提升无线接入能力的重要技术。

1. 大规模天线技术

为了大幅度提高无线接入网的容量，5G 网络需要借助一系列先进的无线传输技术，包括大规模天线、高阶编码调制、多载波、多址接入、全双工等。其中最重要的是大规模天线技术，它与其他技术结合可以有效提升频谱效率。大规模天线技术是在现有多天线技术的基础上，通过增加天线数量来提高无线信道的空间分辨率，使多个用户可以在同一频率资源上与基站进行通信，在不增加基站密度与信道带宽的同时，大幅度提升无线信道的频谱效率。大规模天线技术具有两个优点：一是能将波束集中在很窄的范围内，从而有效降低干扰；二是能够大幅度降低发射功率，有效减少设备能耗。

2. 无线频谱技术

不同的无线频段具有不同的无线信道特征，频段的选择直接影响移动通信网的空口及网络架构。由于 3GHz 以下频段具有良好的信号传播能力，因此当前已有的移动通信网主要工作在该频段范围内。为了适应未来移动通信对无线频段的要求，5G 网络需要利用高频段（如厘米波频段）甚至超高频段（如毫米波频段）。由于高频段具有较高的路径传播损耗，因此它更适合视距范围内的短距离通信。另外，低频段的深入利用、离散频段的聚合与非授权频段的使用等方案也可用于满足频谱资源需求。

3. 超密集组网技术

在提升移动通信网的系统容量时，最有效的方案是减小小区半径从而增加频谱资源的复用。传统的移动通信网通常采用分裂小区来减小小区半径，但是随着小区覆盖范围的进一步缩小，小区分裂将很难执行，需要在热点区域部署低功率小基站（包括小小区基站、微小区基站、微微小区基站等），这样就形成了超密集网络（Ultra Dense Network，UDN）。在超密集网络环境中，系统容量随着小区密度的增加呈线性增长。超密集网络缩短了基站与移动终端之间的距离，有助于缓解高频段传输损耗较高的问题。但是，5G 网络除了在接收端使用干扰消除技术，还需要更有效的小区之间的干扰协调机制。

2.2 5G 网络的架构

2.2.1 欧盟的 METIS 架构

随着移动互联网、物联网应用的各种新业务不断出现，5G 网络承载的业务对网络能力的要求比 3G/4G 网络更多样，并且这些要求在有些场景下是相互冲突的。因此，5G 需要采用新的网络架构来适应各种业务的多样化需求。在 5G 网络的整体架构方面，很多国家都在积极开展相关研究，并且已经提出了多种网络架构。其中，欧盟的"构建 2020 信息社会的移动与无线通信"（METIS）是早期典型的 5G 网络架构，给出了未来 5G 网络的整体逻辑架构及一些相关的概念。

欧盟在 FP7 下启动了名为 METIS 的 5G 研究课题，该课题发布的 D6.4 文档是

关于 5G 整体架构的报告。该报告从三个角度描述了未来的 5G 网络架构，包括功能
架构、逻辑编排与控制架构、拓扑与功能部署架构。其中，功能架构描述了 METIS
组件与其中的功能模块，以及不同模块在功能架构中扮演的角色；逻辑编排与控制
架构描述了在实现功能配置时，如何体现灵活性、可扩展性及以业务为导向；拓扑
与功能部署架构给出了具体网络功能部署的可能选项，展示了功能配置与实现后的
系统形态。

METIS 功能架构定义了 4 个高层组件：中心管理实体、无线节点管理组件、空
口管理组件与可靠性业务组件。其中，中心管理实体负责提供 5G 网络的主要功能，
包括上下文管理、频谱管理、新网络接口端点等模块。无线节点管理组件负责提供
无线节点管理的功能，包括移动性管理、无线资源优化分配、干扰识别与预测、D2D
设备发现等。空口管理组件提供对各类节点或业务的空口管理功能，包括普通终端、
MN 节点、M2M 节点、D2D 节点、UDN 业务等。可靠性业务组件对应于某个中心
管理实体，它与其他高层组件之间都有接口，负责实现可靠性检查或提供可靠链接
功能。

数据面与控制面的功能由功能架构来提供。在逻辑编排与控制架构中，功能架
构中的组件及模块在 5G 编排器与 SDN 控制器的配置下，协同实现了网络功能的灵
活部署与构建。其中，5G 编排器负责绘制从数据面、控制面到物理资源的整体逻辑
视图，并且为每种业务或服务提供相应的逻辑拓扑；SDN 控制器根据 5G 编排器的
配置来建立物理层服务链。5G 编排器以 ETSI 规定的 NFV 原则为基础，增加了 5G
特定扩展功能。5G 编排器不运行控制面功能（例如资源管理），而是组合优化逻辑拓
扑及相关资源。

2.2.2 NGMN 的 5G 架构

NGMN（下一代移动网络）是以电信运营商为主导的国际组织，它致力于推动
5G 技术的应用与产业发展。2015 年 2 月，NGMN 对外发布了《NGMN 5G 白皮书》，
详细阐述了 5G 的设计原则与 5G 网络架构。其中，5G 的设计原则主要涉及以下 4 个
方面：无线、核心网、端到端以及运维管理。

　　无线设计原则主要包括 3 个部分：频谱利用、高密度部署、干扰协调与消除。在频谱利用方面，除了使用许可频段中的空白部分之外，还应该开发更高频段（如厘米波与毫米波）与非许可频段。由于不同频段具有不同的特征，因此需要优化不同频段的使用，可采用控制面与用户面分离、上行与下行分离等手段。在高密度应用场景下，小区规划与基站部署变得困难，需要采用新的部署模式（如多运营商 / 共享部署、第三方 / 用户部署）。为了支持用户在移动时的无缝体验，5G 应实现不同频率、小区、波束、RAT 之间的快速切换。在干扰协调与消除方面，5G 需要支持 MIMO、CoMP 等相关机制。

　　核心网设计的原则主要表现在以下方面：不再采用 4G 集成统一的设计思想，而是将必选功能剥离为一个最小集合，通过开放接口实现控制面与用户面的分离，以便实现 5G 业务的按需部署与灵活扩展。

　　端到端设计原则主要考虑 3 个方面：一是支持网络功能的灵活组合、分配与位置部署，二是支持通过网络开发来实现新的增值业务，三是能够提供端到端的安全机制（如 SSL、VPN 等）。

　　运维管理设计原则主要关注 5G 业务的按需部署，灵活扩展不应该增加运维与管理的复杂度。

　　NGMN 给出的 5G 网络架构包括三个层次（基础设施资源层、业务使能层与业务应用层）与一个实体（端到端管理与编排）。其中，基础设施资源层包括网络设备（如移动通信网的接入节点、云节点等）、终端设备（如智能手机、可穿戴计算设备、物联网终端、CPE 等）和通信链路等。业务使能层包括支持 5G 应用或服务的各种功能模块，例如 CP 功能模块、UP 功能模块、RAT 配置模块、统计信息模块等。业务应用层包括 5G 网络提供的具体应用及服务，它们可来自电信运营商、服务提供商、软件开发商或第三方。

　　端到端管理与编排实体是将应用或服务转换为实际功能及切片的连接点。端到端管理与编排实体为特定的应用场景定义网络切片，连接相关的网络功能模块并配置相应的性能参数，最终将相关配置映射到物理的基础设施资源上。端到端管理与编排实体还负责管理上述功能的容量规模与地理分布。这里，网络切片又被称为 5G

切片，支持以特定方式来管理控制面与用户面，以便实现特定类型的 5G 业务。5G
切片仅提供特定应用所需的业务流处理功能，同时避免了其他所有不必要的功能。
切片体现出的灵活性是 5G 扩展现有业务与开展新业务的关键。

2.2.3　IMT-2020 的 5G 架构

2015 年 2 月，IMT-2020（5G）推进组发布了《5G 概念白皮书》，其中给出了
5G 网络的概念框架。未来，5G 网络将是基于 SDN、NFV 与云计算技术，并且更智
能、更灵活、更开放的移动通信系统。图 2-3 给出了 IMT-2020 的 5G 网络概念框架。
由于这种 5G 架构包括接入云、控制云与转发云三个域，因此它通常被称为"三朵
云"架构。中国电信提出了"三朵云"架构原型及系统实现与部署方面的考虑。

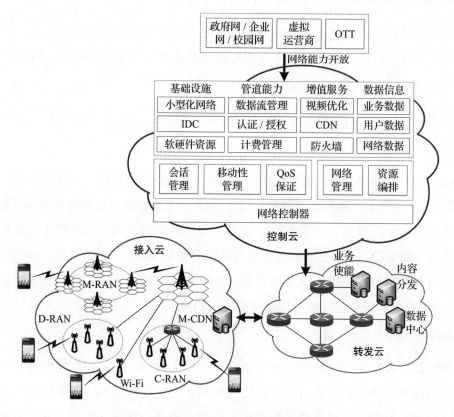

图 2-3　IMT-2020 的 5G 网络概念框架

接入云支持多种无线制式的接入手段，融合集中式与分布式的无线接入网架构，能适应多种类型的回传链路，实现灵活的组网部署与高效的资源管理。5G 系统的网络控制功能与数据转发功能将解耦，并形成集中的控制云与灵活高效的转发云。控制云实现全局或局部的会话控制、移动性管理与 QoS 保证，并构建面向业务的网络能力开放接口，满足业务的差异化需求，提升业务的部署效率。转发云基于通用的网络硬件平台，在控制云提供的网络控制与资源调度下，实现海量业务数据的高可靠、低延时传输。

控制云在逻辑上作为 5G 网络的集中控制中心，由多个虚拟化网络控制功能模块构成。在实际部署时，网络控制功能可能部署在集中的云数据中心，也可能分散部署在本地数据中心。网络控制功能应覆盖全部的传统控制功能，以及针对 5G 网络与 5G 业务新增的控制功能，这些功能可根据业务场景进行定制及部署。网络控制功能主要分布在以下几个功能模块中：网络资源编排模块、无线资源管理模块、移动性管理模块、策略管理模块、信息管理模块、路径管理 /SDN 控制器、安全模块、跨系统协同管理模块、传统网元适配器、能力开放模块等。

在这里，网络资源编排模块（MANO）是 5G 网络的资源管理与控制核心，它负责实现可管理、可控制、可运营的服务提供环境，以便将基础资源便捷地提供给 5G 业务。网络资源编排模块基于标准 NFV 架构中的 MANO 框架，在此基础上增加 5G 特定的管理功能与接口。网络切片的生产与管理由 MANO 来提供。在每个网络切片中，根据实际场景的需要选择合适的网络功能，例如合适的 RAT 与接入控制模块、通用的网络控制功能、业务所需的网络控制功能与业务使能模块；在合适地理位置的基础设施上创建切片并分配资源，同时建立相应模块之间的连接关系。

2.2.4　4G 与 5G 架构的区别

4G 与 5G 网络的架构存在明显的区别。4G 网络的整体架构完全由 3GPP 来定义，主要支持智能手机的宽带移动互联网应用。4G 架构是网络概念与技术演进的重要里程碑，它从以语音为主的电话交换网过渡到数据交换的全 IP 网，同时网络架构也向着扁平化的方向发展。但是，4G 网络架构在设计原则方面并没有什么变化，这是因为 4G 网络需要保持对 2G/3G 网络的向后兼容性。

无线接入网（RAN）与核心网（CN）功能的分离，分组管理、会话管理与移动性管理是不同代的网络架构的共同特征。这样产生的网络架构的层次基本保持不变，但是每种架构都有一套重新定义的网络接口与协议。由于 5G 网络的业务多样性远超 4G 网络，因此 5G 网络需要一个比 4G 更灵活、高效的新型架构。在业务需求与技术发展的推动下，5G 网络架构采用了 SDN 与 NFV 的设计原则。在不同国家、研究机构提出的 5G 架构中，不约而同地都采纳了软件定义的设计思想。

5G 网络架构的关键因素体现在 4 个方面：

- 架构设计更关注网络功能，而不是网络实体或网络节点。
- 控制面与数据面分离。
- 网络功能在面向不同业务时可以有变化。
- 设计网络功能之间的接口，在实现灵活性的同时避免复杂化。

2.3 5G 接入网技术

2.3.1 无线接入网的发展

随着大量的物联网节点部署在实时性、可靠性要求极高的应用环境中，智能工业、智能医疗、智能交通、智能电网、智能安防等应用快速发展，无线接入网的数据量按指数规律增长，并且呈现出突发性、局部化、热点化的特征。由于在地域分布上的不均匀性，节点大量聚集的热点区域数据量剧增，造成基站与接入网的负载过重，进而导致网络过载、延时过长，甚至接入网瘫痪的局面。

传统无线网络中的接入网在部署、建设与运维中存在潮汐效应、高能耗、高成本与带宽不足的问题，这些问题只能通过在无线接入网架构上实现通信与计算技术融合，研究新的无线接入网体系来解决。

图 2-4 给出了小区基站结构的演变过程。1G/2G/3G 网络通常采用的是非协作型结构，每个小区的核心是一个基站（Base Station，BS）。4G 网络最初将小区的主基站称为宏基站，将小基站、微基站、微微基站、家庭基站、分布式天线系统等各种低功率节点部署在宏基站的覆盖范围内，构成分层的异构无线网（Heterogeneous Network，HetNet），这种部署方式被称为协作型结构。传统的宏基站负责满足基本通信需求，而低功率节点主要用于覆盖盲区并满足热点区域的高速传输需求。

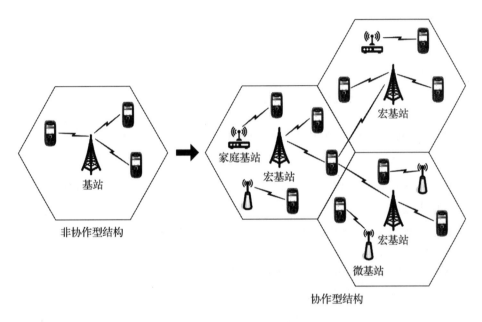

图 2-4　小区基站结构的演变过程

理解小区基站的演变时，需要注意以下几个问题：

- IEEE 802.11 的 Wi-Fi 网络不一定由电信运营商或网络服务提供商来组建和管理，但是它们可以归属在小小区（Small Cell）的范畴内。LTE 网络中的小小区通常包含一些 Wi-Fi 网络。
- 住宅中部署的小小区采用发射功率很低的家庭基站，提供等于一个 3G 网络扇区的容量，同时有助于延长手机电池的使用时间。公司或办公室部署的微小区可提供一个更方便、更低成本的方案，代替传统的楼内部署方案，提供高质量的移动通信服务。在地铁等热点区域中，小小区有利于改善区域覆盖范围、增加容量。小小区的组建成本低、便于部署，适合大规模部署在城市远郊区域。

- 未来 5G 工作的频段很高，传统的建设宏基站方法的覆盖效果不佳。小基站具有部署灵活、组网简单、成本低、贴近用户等特点。在 5G 网络覆盖的深度与广度上，小基站将发挥重要的作用。因此，小基站将在 5G 时代迎来巨大发展机遇，预计我国小基站的数量将达到数千万台。

在传统 1G/2G/3G 网络的小区之间，可采用静态频率规划或码分多址来抑制干扰。4G 网络的载波调制在相邻小区之间干扰严重，部署 HetNet 时必须在小区之间进行协作信号处理。随着超密集的天线在 HetNet 中的使用，解决相邻节点之间干扰问题的难度增大，同时网络规划及优化问题也更加复杂。

5G 网络面对增强移动宽带通信（eMBB）的连续广覆盖和热点高容量的应用场景，大规模机器类通信（mMTC）的海量、小数据包、低成本、低功耗的设备连接，以及超可靠低延时通信（uRLLC）的物联网行业应用对超高可靠、超低延时通信的需求，必须从无线接入网的系统架构出发开展研究，甚至天线、基站、接入设备都需要做出重大变革，才有可能适应物联网应用系统越来越高的需求。

2009 年，中国移动提出了云无线接入网（Cloud Radio Access Network，C-RAN）架构方案。C-RAN 在架构设计时就重视 4 个方面：

- 节能减排（Clean）。
- 集中处理（Centralized）。
- 协作式无线电（Cooperative）。
- 采用云技术的软硬件平台（Cloud）。

随着 5G 技术的逐步成熟与广泛应用，研究人员开始认识到：只有采用网络功能虚拟化（NFV）与软件定义网络（SDN）的基本思路，并将无线接入与云计算、边缘计算相融合，才能够解决 5G 面临的物联网应用大规模接入，以及低延时、低能耗、高可扩展性的需求。近年来，中国移动在 C-RAN 方案的基础上，进一步提出了异构云无线接入网（Heterogeneous-CRAN，H-CRAN）的组网方案。

2.3.2 基站技术的发展

1. 基站结构的演变

基站是无线接入网的重要组成部分，由基带处理单元（Base Band Unit，BBU）、远端射频单元（Remote Radio Unit，RRU）与天线组成。每个基站连接多个扇区的天线，每个天线覆盖一片区域。随着移动通信网从 1G 发展到 5G，基站结构也随之发生变化（如图 2-5 所示）。

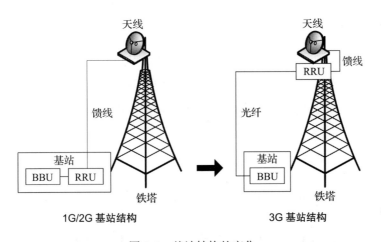

图 2-5　基站结构的变化

在 1G/2G 网络中，BBU、RRU 与供电单元等设备安装在一个柜子中，通过馈线与天线连接。每个基站仅能处理本小区的收发信号，当有大量移动用户接入时，受基站容量的限制，用户接入延时增大，通信质量下降。到了 3G 时代，出于性能、节能与成本的考虑，RRU 被移出机柜并直接安装在天线旁，将传统的无线接入网转变为分布式无线接入网（Distributed-RAN，D-RAN）。这样做的好处是：缩短了 RRU 和天线之间的馈线长度，减少了信号损耗，同时使网络规划更灵活。

随着物联网应用的快速发展，大量的传感器、执行器、智能终端与可穿戴计算设备接入，无线接入网的分组数据量呈指数级增长。由于物联网应用具有突发、局部、热点化等特征，业务在地域上分布不均匀，用户聚集在部分热点区域，容易出现基站之间的干扰，导致接入网负载过大、服务延时增加，用户体验质量下降。

为了解决无线接入网面临的困境，4G 网络开始将小基站部署在宏基站的覆盖范围内，这样就形成了分层接入的 HetNet。其中，传统的宏基站负责基本通信覆盖，而低功率节点满足盲区覆盖和热点区域的高速率需求。但是，低功率节点之间或基站与中继之间的回传链路（Backhaul）容量受限，难以应对数据传输的"潮汐"效应与动态组网需求。大量部署小基站带来了频谱利用率低、能耗大的问题。

随着移动通信的广泛应用与业务的指数级增长，移动通信网需要提供更多的频谱、更高的连接密度。因此，小小区与微小区被认为是一种提供局部通信资源、填补覆盖盲区与保证 QoS 的有效手段。

在讨论小区时，通常将蜂窝移动通信网、小区与基站分别称为宏蜂窝网络、宏小区与宏基站，而将小小区（或微小区）的基站称为小基站。小基站由电信运营商来建设和管理，并支持多种技术标准。在 3G 网络中，小基站被视为分流技术；在 4G 网络中，引入了 HetNet 的概念。

2. 基站的分类

基站可以分为以下几种类型：

- 宏基站（Macro BS）是电信运营商的主基站，信号全向覆盖，发射功率较大，传输距离较远，一般在 35km 左右，适用于郊区等业务分散的地区。
- 小基站（Metro BS）、微基站（Micro BS）多用于市区热点区域，信号定向覆盖，发射功率较小，传输距离较近，一般小于 2km。
- 微微基站（Pico BS）多用于填补市区热点区域的盲区，信号定向覆盖，发射功率很小，传输距离很近，一般小于 500m。
- 家庭基站（Femto BS）多用于家庭或办公室，信号定向覆盖，发射功率极小，传输距离很近，一般小于 50m。

从严格意义上来说，"小小区"是指工作在授权频段的低功率无线接入点的小基站的覆盖区域，不仅可以改善家庭或企业的无线通信网覆盖、容量和用户体验，也可以改善城市与郊区的网络性能。

从尺寸到发射功率，小基站都远小于普通蜂窝通信网的宏基站。小基站也有多种类型，从最大的小基站到最小的家庭基站。表 2-3 给出了小基站的主要类型。

表 2-3　小基站的主要类型

类型	部署场景	覆盖区域	功率大小	最大用户数
小基站	宏基站的盲区	<2km	室外为 10～20W	>256 个
微基站	宏基站的盲区	<500m	室外为 5～10W	<256 个
微微基站	公共区域（机场、车站、购物中心等）	<200m	室外为 1～5W 室内为 100～250mW	<128 个
家庭基站	家庭或办公室	<50m	室外为 0.2～1W 室内为 10～100mW	家庭 <8 个 办公室 <32 个
Wi-Fi	家庭或办公室	<50m	室外为 0.2～1W 室内为 20～100mW	<50 个

2.3.3　云无线接入网

云无线接入网（C-RAN）体现了采用软件定义网络 / 网络功能虚拟化（SDN/NFV）与云计算技术，改造无线接入网架构的技术路线。

1. C-RAN 架构的设计思路

（1）传统网络硬件设备存在的问题

电信运营商与网络设备生产商的传统思路是用硬件设备实现特定的网络功能，这样做的优点是组网简单；缺点是硬件设备功能与支持的协议固定，缺乏灵活性，使网络新功能、新协议的试验与标准化过程漫长，导致网络服务永远滞后于网络应用的发展。

为了改变这种情况，出现了软件定义网络（SDN）与网络功能虚拟化（NFV）。随着 SDN/NFV 技术的发展与应用，产业界已经认识到：SDN/NFV 与云计算技术能够为传统 IT 服务提供新的服务模式和解决方案。

SDN/NFV 与云计算技术的融合可以对传统 IT 进行"软件定义"，为 IT 带来设计、部署、运维和业务服务模式的变革。产业界认为：云计算与 SDN/NFV 是网络重构的"一个中心、双轮驱动"。"一个中心"是指云数据中心，"双轮驱动"是指 SDN 与 NFV 两项技术的相互促进。这也是 C-RAN 系统架构的设计思路。

（2）云计算与网络资源虚拟化

虚拟化（Virtualization）是计算机领域的一项传统技术，起源于 20 世纪 60 年代。

如果不使用虚拟化技术，让应用程序直接运行在计算机上，那么每台主机每次只能运行一个操作系统。应用程序开发者必须针对不同操作系统编写程序。为了支持多种操作系统，最有效的方法是实现硬件虚拟化。虚拟化技术通过软件将计算机资源分成多个独立和相互隔离的实体——虚拟机（Virtual Machine，VM），每个虚拟机都具有特定的操作系统特征。一台运行虚拟化软件的主机能够在一个硬件平台上同时承载多个应用程序，同时这些程序可以运行在不同的操作系统上。

云计算就是建立在虚拟化技术的基础上的。云计算的特征主要表现在：泛在接入、快速部署、按需服务与资源池化。云计算系统在服务器端集中配置大量的服务器，通过虚拟化技术将服务器虚拟化为大量的虚拟机，构成计算、存储与网络资源池，为更多用户提供相互隔离、安全与可信的服务。

C-RAN 借鉴了云计算的虚拟化技术，将具有高性能计算与存储能力的计算机构成虚拟基站集群，实现了无线接入网的重构。云计算为 SDN/NFV 重构网络提供了容器与资源池。经过重构，网络性能获得提升，为实现云计算快速、灵活的用户接入及广泛的服务提供了更好的运行环境。C-RAN 的设计思想是：通过无线通信实现各类基站的灵活部署与协同工作，利用云计算与 SDN/NFV 的协同与融合，为虚拟基站集群提供计算、存储与网络服务，从而构建一个开放与可扩展的无线接入网架构。

2. C-RAN 的网络架构

5G 的 C-RAN 主要由 3 个部分组成：分布协作式无线网、光纤传输网与基于实时云架构的基带池。图 2-6 给出了 C-RAN 的网络架构。其中，分布协作式无线网由小功率的远端射频单元（RRU）与天线组成，提供了一个高容量、广覆盖的无线网。由于 RRU 具有轻便、安装与维护方便的特点，因此它支持大范围、高密度的部署。光纤传输网通过高带宽、低延时的光纤链路，将分布协作式无线网与虚拟基站池连接起来。基于实时云架构的基带池由虚拟基站集群构成。基带池由多台具有高性能计算与存储能力的计算机系统通过虚拟化技术构成，可以按需为虚拟基站提供所需的通信处理能力。在 C-RAN 架构中，每个 RRU 的发送与接收信号不再仅由一个基带处理单元（BBU）处理，而是根据 RRU 的实际需求由基带池分配计算与存储资源，从而实现对物理资源的集中使用与优化调度。

从电信运营商的角度，采用 C-RAN 架构具有以下优点：

- 当网络覆盖范围需要扩大时，运营商仅需在远端中增加新的 RRU，就可以迅速部署并扩大覆盖范围。
- 当网络负载增大时，运营商仅需在基带池中增加新的 BBU，就可以迅速部署实现网络扩容与升级。
- 当空中接口标准需要更新时，通过软件升级方式就可以实现。
- 通过密集部署 RRU，缩短 RRU 到用户的距离，从而降低用户侧的发射功率和用户设备的能耗，延长用户设备的使用时间。
- 基带池中的计算资源被所有虚拟基站共享，通过动态调用的方式来解决移动通信网的"潮汐"效应，使通信网的容量利用达到最优。

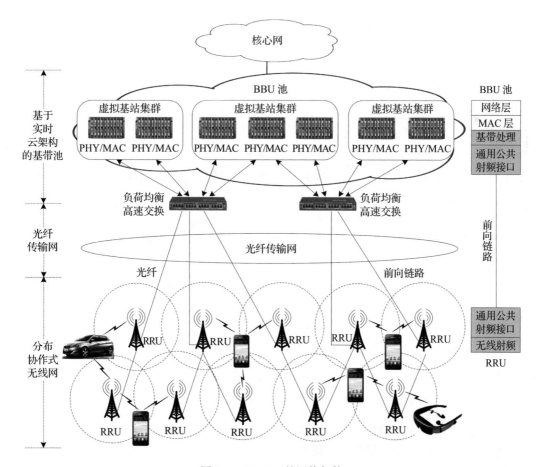

图 2-6   C-RAN 的网络架构

节能是 5G 技术研发的一个重要指标。在传统的移动通信网中，基站能耗占总能耗的比例约为 72%，空调能耗占基站能耗的比例约为 46%。在 C-RAN 结构中，RRU 被安装在天线附近，基带池被集中安装在中心机房中，其节能效果非常显著。因此，C-RAN 具有绿色节能、成本低、网络容量高、资源自适应分配等优势。

2009 年首次提出 C-RAN 概念之后，中国移动及产业界的多个组织一直致力于 C-RAN 的研发。为了更好地适应未来 5G 的多种业务和应用场景，中国移动联合华为、中兴等公司于 2016 年 11 月发布了《迈向 5G C-RAN：需求、架构和挑战》白皮书，详细阐述了 C-RAN 与 5G 融合发展的各种需求、关键技术及研发方向。

2.4　华为 5G 应用场景

2.4.1　华为 5G 白皮书

2019 年 2 月，华为公司发表了《5G 十大应用场景》白皮书。其引言中有一段话：与 2G 萌生数据、3G 催生数据、4G 发展数据不同，5G 是跨时代的技术。5G 除了更极致的体验和更大的容量，还将开启物联网时代，并渗透至各个行业。5G 将和大数据、云计算、人工智能等共同迎来信息通信时代的黄金 10 年。

该白皮书中列举了华为公司 Wireless X Labs 实验室认为最能体现 5G 能力的十大应用场景及示例：

- 云 VR/AR（实时计算机图像渲染和建模）。
- 车联网（远控驾驶、编队行驶、自动驾驶）。
- 智能制造（无线机器人云端控制）。
- 智慧能源（馈线自动化）。
- 无线医疗（具备力反馈的远程诊断）。
- 无线家庭娱乐（超高清 8K 视频和云游戏）。
- 联网无人机（专业巡检和安防）。

- 社交网络（超高清 / 全景直播）。
- 个人 AI 辅助（AI 辅助智能头盔）。
- 智慧城市（AI 使能的视频监控）。

2.4.2 5G 应用场景分析

1. 云 VR/AR

虚拟现实（VR）与增强现实（AR）是颠覆人机交互方法的变革性技术。这种变革不仅体现在视频、游戏、教育等消费应用领域，也体现在办公、安防、广告等商业或企业应用领域。从各种物联网应用场景与 5G 技术相关度的角度，VR/AR 是与 5G 相关度高、市场潜力大的一类应用。

VR/AR 业务需要大量网络带宽及存储与计算能力。为了提供更高质量的 VR/AR 内容，当前趋势是将内容处理放到云端，这样既满足了用户日益增长的体验需求，又有利于降低 VR/AR 终端设备的价格。4G 网络的峰值速率为 100Mbit/s，足以支持初级 VR/AR 应用（本地 VR、移动 VR、2D AR 等），基本支持中级 VR/AR 应用（云辅助 VR、3D AR、MR 等），但是难以满足高级 VR/AR 应用（云 VR、云 MR 等）。表 2-4 给出了 VR/AR 应用对 5G 的性能需求。这类应用需要 5G 网络提供更大的带宽、更小的延时。

表 2-4 VR/AR 应用对 5G 的性能需求

应用需求	初级 VR/AR 应用	中级 VR/AR 应用	高级 VR/AR 应用
实时性	高（端 – 端延时 <50ms）	高（端 – 端延时 <20ms）	高（端 – 端延时 <10ms）
数据流量	高（用户体验速率 >20Mbit/s）	高（用户体验速率 > 40Mbit/s）	高（用户体验速率 >100Mbit/s）
连接数密度	低	低	低
移动性	低	低	低
QoS	高	高	高

2. 车联网

智能驾驶（包括自动驾驶、编队行驶与远控驾驶）是车联网研究的重要内容，一直受到全球各大汽车厂商、通信设备厂商的高度重视。智能驾驶将改变传统交通模式中"人 – 车 – 路 – 基础设施"之间的关系，并成为道路安全与汽车变革的推动力。5G 为智能驾驶提供了更强的通信能力与更好的安全性。

（1）自动驾驶

自动驾驶是指由驾驶员决定驾驶行为，可以自己驾驶车辆，也可以启动车辆的自动驾驶功能。无人驾驶比自动驾驶高一个级别。无人驾驶又称为自主驾驶或完全自动驾驶，例如谷歌、百度、优步等公司的智能网联汽车就实现了无人驾驶。乘客上车之后设定目的地，至于行驶路线、行驶速度等，完全由车辆自主决定并执行。自动驾驶技术划分为 5 个级别（L1～L5），达到 L3 级以上的自动驾驶能力被称为无人驾驶。

自动驾驶系统由感知层、决策层与执行层构成，对应传感器平台、计算平台与控制平台。传感器平台主要包括摄像头、雷达（激光、毫米波与超声波）、红外探头、GPS 终端，以及 V2X 通信系统。V2X 包括车 – 车（Vehicle to Vehicle，V2V）、车 – 人（Vehicle to Pedestrian，V2P）、车 – 路（Vehicle to Instruction，V2I）等。V2X 利用 5G 技术实现"人 – 车 – 路"之间的信息交流，获取实时路况、车辆状态与行人信息。

决策层依靠计算平台的硬件、软件、算法及云数据与云控制器，根据感知信息进行决策判断，确定工作模型，制定控制策略，代替驾驶员做出驾驶决策，例如通过车道、车距、盲区、障碍物等警示，预测本车及其他车辆、车道、行人的状态。先进的决策理论包括模糊推理、强化学习、神经网络等。决策层是自动驾驶发展的核心与瓶颈。

执行层按照决策结果对车辆进行控制。各个控制系统通过总线与决策系统相连，并按照决策系统的指令来控制驾驶动作（例如加速、制动、转向、灯光等）。

（2）编队行驶

编队行驶又称为队列行驶，它是自动驾驶的重要研究方向之一。例如，货车的自动编队行驶有更好的灵活性，车辆驶入高速公路时自动编队，离开高速公路时自动解散。对于运输企业来说，编队行驶可降低驾驶员的劳动强度、降低油耗、减少安全事故，进而节约运输成本、提高运输效率。因此，编队行驶具有重要的经济与社会价值。

编队行驶要解决在没有驾驶员干预的情况下，多辆车能实现自动识别交通标识、调整车速、变道超车、碰撞预警、紧急停车、高优先级车辆让行等功能。编队行驶高度依赖公路与路边设施，车辆通过 V2X 与其他车辆、路边设施之间交换信息。

（3）远控驾驶

远控驾驶是指车辆由远程控制中心的司机，而不是由车辆中的人驾驶。远控驾驶可提供高级礼宾服务，使乘客在行驶途中完成工作或参加会议；远控驾驶可提供出租车服务，也适用于驾驶员生病、醉酒等不适合开车的情况。当端 – 端延时控制在 10ms 以内，车辆行驶速度为 90km/h 时，远程紧急制动产生的刹车距离不超过 25cm。

因此，车联网需要大量数据传输、存储与计算能力的支持。为了提高车联网应用的性能，必须借助 5G 高带宽、低延时的传输能力，以及云端服务器的存储与计算能力。表 2-5 给出了车联网应用对 5G 的性能需求。

表 2-5　车联网应用对 5G 的性能需求

应用需求	自动驾驶	编队行驶	远控驾驶
实时性	高（端 – 端延时 < 10ms）		
数据流量	中		
连接数密度	中		低
移动性	高（行驶速度 < 90km/h）		
QoS	高		

3. 智能制造

工业机器人是面向工业领域的多关节机械手与多自由度机器人，通常用于在机械、汽车、造船、航空制造业中代替人完成大批量、繁重、质量要求高的工作。工业机器人被视为实现智能工业、智能制造的重要工具之一。

机器人功能与性能的先进性取决于"学习"能力，而"学习"能力又取决于 AI

算法，以及完成复杂算法的计算与存储能力。算法越复杂，要求计算与存储能力越强，相应的计算与存储设备体积与重量也越大，这对于体积、重量或能量受限的机器人是不现实的。可行的方案是将计算与存储放在云端完成，而感知与执行由机器人完成。机器人与云端之间通过 5G 网络传输数据与控制指令，从而形成了"无线机器人云端控制"模式。

"无线机器人云端控制"模式可以减小机器人的体积和机器人与云端之间的数据通信量，也有助于提高机器人的功能与性能。根据对传输实时性的要求不同，"无线机器人云端控制"模式可分为不同级别：软实时、硬实时与同步实时。其中，同步实时协作机器人对传输实时性的要求最高，数据传输的延时要求小于 1ms。表 2-6 给出了无线机器人控制对 5G 的性能需求。

表 2-6 无线机器人控制对 5G 的性能需求

应用需求	软实时	硬实时	同步实时
实时性	高（端 – 端延时 < 100ms）	高（端 – 端延时 < 10ms）	高（端 – 端延时 < 1ms）
数据流量	低（用户体验速率 <10Mbit/s）		
连接数密度	高		
移动性	高		
QoS	高		

除了无线机器人协同操作之外，5G 在智能制造中还有很多应用场景。图 2-7 给出了 5G 在智能制造中的应用。

5G 助力智能制造可以获得以下效果：

- 通过协作机器人与智能眼镜来提高装配流程的效率。协作机器人之间不断交换分析数据，同步与协作自动化流程。智能眼镜使员工更快、更准确地完成工作。
- 通过基于状态的监控、机器学习、数字仿真与数字孪生手段，准确预测未来的性能变化，从而优化维护计划，减少停机时间与维护成本。
- 通过优化供应商数据的可访问性与透明度，降低物流与库存成本。

图 2-7　5G 在智能制造中的应用（资料来源于 ABI Research）

4. 智慧能源

对于普通家庭用户，停电会造成很多麻烦：不能看电视、上网，冰箱里的食物会腐烂。对于一个城市、地区或国家，如果出现大面积停电，造成的经济损失与社会影响会很大。供电可靠性一般要求达到 99.999%，意味着每年停电时间不能超过 5 分钟。各种新能源（如太阳能、风力、水力发电）为电网带来不同负荷，导致当前的集中供电系统难以适应，这就要求必须建立"坚强""可自愈"的智能电网。

2001 年，美国电力科学研究院提出智能电网（IntelliGrid）的概念，并推出《智能电网研究框架》。2005 年，欧洲提出超级智能电网（Super Smart Grid）的概念，并推出《欧洲智能电网技术框架》。2009 年，我国国家电网提出坚强智能电网（Strong Smart Grid）的概念。智能电网的主要特点是：自愈、安全、兼容、互动与优化管理。智能电网通过自动检测装置实时监控电力设备运行状态，及时发现运行过程的异常，快速隔离故障，具有自愈能力，防止电网大规模崩溃，减少供电中断。

馈线自动化是智能电网研究的重要内容之一。传统的高压输电线检测与维护是由人工完成的。人工方式在高压、高空作业中存在难度大、危险、不及时、不可靠等缺点。在我国输电网大发展的形势下，输电线路越来越复杂，覆盖范围越来越大，很多线路分布在山区、河流等复杂地形中，人工检测方式已难以满足要求。

电力公司研发了输电线路巡检与绝缘子检测机器人，通过各种传感器（温度、湿度、振动、倾斜、距离、应力、红外、视频传感器等），检测输电线路与杆塔覆冰、振动、弧垂、风偏、倾斜，甚至是人为破坏的情况。传感器将感知数据实时传送到地面的接收装置。接收装置将收到的感知信息汇聚之后，通过移动通信网或其他方式传送到测控中心。测控中心通过对各个位置的环境信息、运行状态信息进行综合分析，对输电线路、杆塔进行实时监控与预警，对故障进行快速定位，构成了分布式的馈线自动化系统。

馈线自动化系统的数据传输对网络延时、可靠性等有很高要求。当通信网的端－端延时小于10ms时，整个馈线自动化系统可在100ms内隔离故障区域，这样将大幅度降低整个输电网的能源浪费。5G网络可代替当前输电网中已有的光纤设施，提供小于10ms的网络延时与Gbit/s量级的网络带宽，有效实现馈线自动化的无线分布式控制。表2-7给出了馈线自动化对5G的性能需求。

表2-7　馈线自动化对5G的性能需求

应用需求	馈线自动化
实时性	高（端－端延时<10ms）
数据流量	低
连接数密度	中
移动性	无
QoS	高

5. 无线医疗

随着世界各国逐渐进入老龄化阶段，医疗系统社区化、保健化的趋势日益明显，智能医疗成为实用性强、贴近民生、需求旺盛的一个物联网应用领域。智能医疗借助数字化、可视化、自动感知与智能处理技术，实现感知、计算、通信、智能与医疗技术的融合，患者与医生的融合，大型医院、专科医院与社区医院的融合，将医院功能向社区、家庭及偏远地区延伸，从而提高全社会的疾病预防、治疗、保健与健康管理水平。

由于医疗资源分布严重不均衡，大型医院、医学专家主要集中在大城市，因此远程诊断、远程手术等是将医疗资源共享给更多人的重要手段。远程医疗监控可持续监测老人、儿童、慢性病患者等群体的人体生理参数，病人携带的便携式医疗监控设备可以将被监控对象的心率、血压等数据实时传送给医生。医生可以随时了解被监护对象的身体状况，及时做出健康指导、紧急救护等医疗行为。

近年来，医疗行业开始使用可穿戴或便携式设备集成远程医疗方案。在远程诊断方案中，偏远地区医院的超声波（B 超）机器人将扫描图像远程传送到专科医院，由医学专家给出临床诊断意见，有利于提高医疗效果，降低就医成本。目前，远程超声波、内窥镜机器人等智能医疗设备已达到可商用的程度。表 2-8 给出了无线医疗对 5G 的性能需求。无线医疗需要 5G 网络提供更小的延时、更大的带宽与更高的可靠性。

表 2-8　无线医疗对 5G 的性能需求

应用需求	远程内窥镜	远程超声波
实时性	高（端 – 端延时＜5ms）	高（端 – 端延时＜10ms）
数据流量	中（用户体验速率＞50Mbit/s）	中（用户体验速率＞23Mbit/s）
连接数密度	低	
移动性	低	
QoS	高	

6. 智慧城市

智慧城市拥有竞争优势，因为它可以主动而不是被动地应对城市居民和企业的需求。为了建设智慧城市，不仅需要感知城市脉搏的各类数据传感器，还需要用于监控交通流量和社区安全等的视频摄像头。

城市视频监控是一类非常有价值的工具，它不仅能够提高安全性，还能大大提高企业和机构的工作效率。视频系统非常适合如下场景的监控：

- 繁忙的公共场所（广场、活动中心、学校、医院）。
- 商业领域（银行、购物中心、购物广场）。
- 交通中心（车站、码头）。
- 重要的交通路口。

- 重要机构和居住区。
- 存在洪水隐患的运河、河流等。
- 重要的关键基础设施（能源网、电信数据中心、泵站等）。

图 2-8 给出了视频监控的应用场景。在成本可接受的前提下，摄像头数据收集和分析技术的进步推动了视频监控需求的增长。

图 2-8　视频监控的应用场景

2.4.3　AIoT 与 5G 的关系

AIoT 将成为 5G 技术研究与发展的重要推动力。5G 技术的成熟和应用使很多 AIoT 应用的带宽、可靠性与延时瓶颈得到解决。我们可以从两个方面认识 5G 与 AIoT 的关系。

1. 大规模部署

随着物联网的人与物、物与物互联的范围扩大，智能家居、智能工业、智能环保、智能医疗、智能交通应用的发展，数以亿计的感知与控制设备、智能机器人、可穿戴计算设备、智能网联汽车、无人机接入物联网。根据 GSMA 预测，随着 AIoT 规模的超常规发展，2030 年接入 AIoT 的设备数量将是 2020 年的 14 倍。AIoT 应用的急剧增加带动了流量消耗，刺激了对网络高带宽的需求。大量 AIoT 终端将部署在广阔的地区，以及山区、森林、水域等偏僻区域，很多 AIoT 感知与控制节点将部署在大楼内部、地下室、地铁与隧道。这时，4G 网络已经远不能满足 AIoT 的应用需求。

2. 实时性应用

AIoT 涵盖智能工业、智能农业、智能交通、智能医疗、智能电网等行业，特点是业务类型多、业务需求差异大。例如，在智能工业的工业机器人与工业控制系统中，各节点之间的感知数据与控制指令传输必须可靠，延时必须控制在毫秒级，否则就会造成工业生产事故；智能网联汽车与交通控制中心之间的感知数据与控制指令传输特别强调准确性，延时必须控制在毫秒级，否则就会造成车毁人亡的重大交通事故。那些要求超低延时、超高可靠性的 AIoT 应用对 5G 的需求格外强烈。

2.5　5G-Advanced 的演进

2.5.1　5G-Advanced 的发展背景

随着 5G 技术在全球范围的大规模商用，目前已有 95 个国家（地区）的 256 家电信运营商提供商用 5G 服务，5G 通信的全球用户数达到 13.4 亿，其中我国的用户数达到 8.05 亿。在这样的背景下，全球通信产业界开启了 5G 下一阶段演进技术的探索。2020 年 11 月，华为公司在第 11 届移动宽带论坛（MBBF）上提出 5G 持续演进的倡议，期待与产业界面向新的需求共同定义 5G 持续演进的愿景。图 2-9 给出了华为的 5G 持续演进愿景。在传统的 5G 三大场景的基础上，继续探索三个新场景：上行超宽带通信（Uplink Centric Broadband Communication，UCBC）、实时宽带通信（Real-Time Broadband Communication，RTBC）与通信感知融合（Harmonized Communication and Sensing，HCS）。

2021 年 4 月，3GPP 确定 5G 下一阶段演进的官方名称为 5G-Advanced（简称 5G-A）。2021 年 12 月，3GPP 通过了首批面向 R18 的标准立项，正式启动 5G-Advanced 的标准化工作。预计到 2024 年上半年，3GPP 将公布 5G-Advanced 的第一个版本 R18，这标志着全球 5G 发展即将进入新阶段。2022 年 11 月,IMT-2020(5G)推进组汇聚中国产学研用的力量,发布了《5G-Advanced 场景需求与关键技术》白皮书,提出了 5G-Advanced 的总体愿景,并于 2023 年初启动了 R18 关键技术的测试工作。3GPP 明确 5G-Advanced 将从 R18 继续演进到 R19、R20 等版本,进一步丰富 5G-Advanced 的内涵与价值。

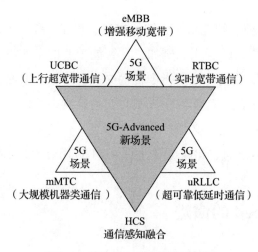

图 2-9   华为的 5G 持续演进愿景

随着技术演进与应用边界的逐步拓宽,5G-Advanced 已从标准化进入产业化发展阶段。例如,高通公司在世界电信大会上表示,5G-Advanced 将开启新一轮 5G 创新,并发布首款支持 5G-Advanced 的 X75 芯片;爱立信公司发布《5G-Advanced:通向 6G 的演进》白皮书;中兴公司认为 5G-Advanced 将推动 5G 产业的"二次腾飞"。作为 5G 与 6G 之间的演进技术,5G-Advanced 将支撑 5G 应用规模增长与数字化创新,保护已有的 5G 投资,通过持续丰富业务场景、增强能力将 5G 推进到新阶段。5G-Advanced 将实现 6G 提出的大部分愿景,并推动一些 6G 先进技术提前投入使用。

2.5.2   5G-Advanced 的关键技术

1. 广域确定性网络

各类大容量、低延时的应用场景有确定性 QoS 需求,它们给当前的 5G 网络带来了巨大挑战。有限的频率资源、信道的时变性及业务到达的随机性，导致 5G 网络难以有效地保障这些应用的确定性 QoS 需求。确定性网络通过对数据传输的精细化控制，保障了确定性、低延时、低抖动、大带宽、高可靠等 QoS 指标，以达到可预期、可规划的通信服务质量。实现广域确定性网络的主要技术包括：

- 基站内资源池化：网络高效、统一地控制载波池化，通过一体化频谱管理，提升频谱利用效率，保障业务的大带宽与低延时需求。
- 多点联合分布式协同：通过站点之间的协作，降低信号干扰与移动切换延时，保障业务的高可靠与低延时需求。
- 跨层感知调度：通过应用层与网络层的相互感知及联合优化，使得网络传输与业务特征匹配，保障业务的低延时与低抖动需求。

2. 大上行网络

智慧车联网、有源物联网等应用场景对上行业务容量与覆盖提出了巨大挑战。实现大上行网络的主要技术包括：

- 上行智选频谱接入：频域聚合更多频谱是提升上行容量与体验的有效方式。灵活的上行频谱接入技术通过配置、激活与解耦传输能力，使智能终端能够同时接入、配置更多的上行频谱资源，包括 TDD、FDD、SUL 等频段，并基于各频段业务量来高效地使用频谱资源。
- 基站联合解算：空域部署更多天线也是提升上行容量与体验的有效方式。考虑到天线面积在尺寸方面受限，采用多 TRP 联合接收、高分辨率预编码、高阶空分复用等技术有助于实现大上行网络。
- 多频超宽带（AAU）：终端上行多频发送及多站多频协同接收给有限的站址资源与网络规划带来了巨大挑战。多频超宽带能够整合上行多频段的多天线接收能力，最大化地提升网络的上行能力。

3. 通感一体

通感一体是 5G-Advanced 阶段的新发展方向，涉及无人机监控、智慧交通、智慧工厂等场景。通感融合能够实现通信与感知的共设备、共频谱、共空口与共站址部署，为 5G 网络衍生出具有竞争力的感知能力。实现通感一体的主要技术包括：

- 同时同频高隔离全双工：在 AAU 有限的天线面内，通过电路域的高隔离设计，大幅降低发送与接收的自干扰，使 AAU 能够在较高的发射功率下同时实现感知，以实现公里级距离的目标探测能力。
- 智慧超分辨：采用更先进的超分辨算法对目标单一维度信息实现更精细化的提取，并通过引入 AI 算法对各个维度（例如距离、速度、角度等）进行联合处理，使目标识别能力提升 4 倍。
- 空口元融合：以空口的最小资源单元为粒度进行资源复用，在频率域上达到子载波级，仅从整个频谱中抽取少量资源用于感知，实现通信与感知的高效复用，在轻载场景下几乎不影响用户的体验速率。
- 群域感知：利用多站点对重叠覆盖区域内的目标进行多角度探测。

4. 无源物联

无源物联技术可以支持终端免电池工作，是未来蜂窝物联网达成千亿规模的使能技术，在工业、电力、物流、医疗等行业的数字化领域有良好的应用前景。为了支持终端通过环境能量采集供电，无源物联终端的工作功耗需要比现有 LPWA 终端降低 100 倍，达到 1mW 以下。实现无源物联的主要技术包括：

- 微瓦级终端调制：上行支持终端采用反向散射将基带数据调制到射频载波，下行支持终端采用包络检波来解调数据，两者的处理功耗均可低至微瓦级。
- 微瓦级终端信道编码：在相对重复编码具有更高增益的基础上，下行与上行链路信道编码需支持微瓦级功耗，并且避免终端使用较大缓存。
- 异步终端资源复用：无源物联终端的时钟精度较差，难以满足常规蜂窝终端之间的时频同步需求，在此基础上实现终端之间的高效时分、频分、码分复用，这是满足千亿联接容量需求的关键。
- 多维度融合定位：无源物联终端难以实现下行信号的高精度测量，并且发射或反射上行窄带信号的时频精度差，可以融合多种定位方式及结合多终端联合定位，满足物流等应用场景的定位精度需求。

5. 全频谱融合与解耦

全频谱融合与解耦技术能够将不同频段的多个载波从物理与逻辑上变成一个载

波，实现基于全频段的极简化、大容量、高体验的 5G 网络。全频谱融合与解耦技术主要表现在以下几个方面：

- 基于网络 Gigaband 超宽频技术，从 5G 各频独立模块、器件到 5G-Advanced 多频超宽带、多天线电路级器件的融合为基础，一次性实现多频从模块到信道的融合，保证多个频段、一份通信塔上天线面及一份运营成本，实现 5G-Advanced 的极简、绿色部署与运维。
- 基于多频全信道一体化技术，从 5G 多频独立信道到 5G-Advanced 多频统一管理，多频共享控制、数据、导频、公共等信道，降低系统开销与简化流程，有助于实现系统容量的大幅增长。
- 基于全频段解耦技术，从 5G 终端的多频逻辑信道与物理射频绑定到 5G-Advanced 终端的多频逻辑信道与物理射频解耦，使尺寸、功率受限的手机能接入运营商的全频谱，动态智选频段并切换基带射频，从而高效利用频谱资源。

6. 更大规模天线阵列

为了满足日益增长的用户体验需求，5G-Advanced 采用更高频段以扩展频谱资源。对于 5G 网络的大规模多输入多输出天线（Massive MIMO，MM），其覆盖能力已经难以在高频段达到边缘用户的体验速率目标。5G-Advanced 将走向超大规模天线阵列（Extremely Large Aperture Array Massive MIMO，ELAA-MM），实现 10dB+ 的上行、下行覆盖能力。ELAA-MM 既可以采用集中式部署模式，即在每个基站上部署更多无源阵子（例如 768AE）与更多通道（例如 128TR）；又可以采用分布式部署模式，将 ELAA-MM 分拆成多个 MM 模块并部署在多个相邻的基站上，以便实现泛在万兆连续体验。另外，ELAA-MM 也是毫米波频段成功商用部署的关键使能技术。

7. 绿色节能

绿色节能是大幅降低 5G 网络部署与运维成本，支撑可持续发展战略的关键技术之一。根据通信业务在时域、频域、空域、功率等维度的分布特征，以及 5G 网络负载状态变化的实际情况，在保证预定的网络性能指标的前提下，利用性能接近无损的多维度智能化节能（Multiple x-Dimension Enhancement，MxE）机制，实现5G-Advanced 能耗增幅远低于业务量增幅的发展目标。

8. 灵活双工

灵活双工能够突破传统 TDD 与 FDD 双工技术的边界，融合两种技术的优势，柔性分配上行、下行空口资源，提升上行覆盖与降低空口延时。当前 5G 标准在帧结构方面，固定 TDD 配比帧结构引入空口等待时间，进而增加端到端延时，并且下行的时隙明显多于上行，导致下行覆盖明显高于上行。针对上述问题，5G-Advanced提出了先进双工干扰抑制、双频互补 TDD、异时隙配比等技术。

2.6　本章总结

1）5G 的三大应用场景包括增强移动宽带通信（eMBB）、大规模机器类通信（mMTC）与超可靠低延时通信（uRLLC）。

2）5G 的关键性能指标主要包括用户体验速率、峰值速率、延时、移动性、连接密度、流量密度、设备能耗、频谱效率等。

3）IMT-2020 的 5G 架构包括接入云、控制云与转发云三个域，它是基于 SDN、NFV 与云计算技术，并且更智能、灵活与开放的移动通信网。

4）云无线接入网（C-RAN）体现了采用 SDN、NFV 与云计算技术来改造无线接入网架构的技术路线。

5）AIoT 超高带宽、超高可靠性与超低延时的实时性应用需要 5G 技术的支持。

6）5G-Advanced 将支撑 5G 应用规模增长与数字化创新，保护已有的 5G 投资，通过持续丰富业务场景与增强能力将 5G 推进到新阶段。

第 3 章

MEC 技术概述

AIoT 应用的实时需求推动了边缘计算技术的发展，催生了 5G 与 MEC 技术融合的模式。本章将从边缘计算的基本概念出发，系统地讨论 MEC 系统架构、实现技术与部署策略，并介绍 MEC 开源平台。

本章学习要点：

- 理解边缘计算的基本概念。
- 了解 AIoT 对 MEC 的需求。
- 理解 MEC 系统架构。
- 理解 MEC、Cloudlet 与雾计算的区别。
- 了解 5G MEC 的部署策略。
- 了解 MEC 开源平台及软件。

3.1 边缘计算的概念

3.1.1 从云计算到移动云计算

1. 云计算的概念

云计算（Cloud Computing，CC）是一种分布式计算技术。早在 1961 年，计算机先驱 John McCarthy 就预言："未来的计算资源能像公共设施（例如水、电）一样被使用"。为了实现这个目标，在此后的几十年，学术界和产业界提出了多种分布式计算概念，例如集群计算、网格计算、服务计算、云计算、边缘计算等。2006 年，谷歌公司在搜索引擎大会（SES）首次提出了云计算的概念。经过十余年的发展，云计算已成为计算机领域的热点话题之一，是继互联网、计算机后在信息时代的一种革新。2009 年，我国各互联网企业纷纷布局云计算，正式开启了中国的云时代。

云计算并没有一个统一的定义，不同研究机构从各自的角度给出了定义。从网络的角度来看，云计算是一种提供计算资源的网络，用户可以随时获取云上的资源，按需求量付费使用，并且这些资源可视为无限扩展的。从广义的意义上，云计算是一种与信息技术、软件、互联网相关的服务，这种计算资源共享池被称为"云"。云计算将很多计算资源集合起来，通过软件实现自动化管理，仅需少数人参与管理，就可以快速提供资源。根据美国国家标准与技术研究院（NIST）的定义：云计算是一种按使用量付费的运营模式，提供支持泛在接入、按需使用、灵活配置的计算资源池。

图 3-1 给出了云计算系统结构的示意图。"云"可以通俗理解为存在于云数据中心的服务器集群上的各种资源集合。这些资源可分为两类：硬件资源和软件资源。其中，硬件资源包括 CPU、存储器、网络设备等；软件资源包括操作系统、应用软件、集成开发环境等。云用户仅需通过网络预订云服务，并在使用云服务时发送请求，就可以从云端获取满足需求的各种资源，所有的计算任务都在远程云数据中心完成。用户可以按需获得计算、存储、网络资源，就是得益于云数据中心的虚拟化资源池架构。云端的资源池本身不仅可以动态扩展，而且可以在用户使用结束后及时回收资源。

云计算的特点主要表现在以下几个方面：

- 规模庞大：大型云平台可能有数百万台服务器，企业的私有云通常也有几千台服务器，为用户提供强大的计算和存储能力。
- 高可靠性：云平台基于分布式服务器集群结构，并引入了多副本策略和节点同构互换的容错机制，确保云平台的高可靠性。

- 高可扩展性：云平台可根据用户需求来分配资源。如果用户需求增大，可随时增加资源；如果用户需求减小，可随时释放资源。

- 虚拟化：云平台通过虚拟化技术将计算、存储资源整合成逻辑统一的共享资源池，实现了统一调度和部署，为用户提供服务。

- 网云一体：网络能力与云平台资源深度融合，利用 SDN/NFV 将网络、应用、云计算与用户连接，提供灵活的网云一体服务。

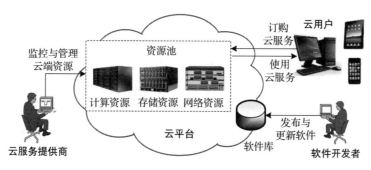

图 3-1　云计算系统结构的示意图

随着云计算在各种互联网服务中的广泛使用，它改变了人们的工作与生活方式。近年来，产业界在云计算服务领域的竞争很激烈，国内外各大 IT 企业纷纷推出各自的云平台，例如亚马逊的 AWS、微软的 Azure、谷歌的 Cloud，以及国内的华为云、阿里云、腾讯云等。这些云平台都属于商用化的云平台，可提供不同层次、类型的云计算服务。另外，一些研究机构在云计算领域推出了开源项目，例如 OpenStack、Kubernetes、Cloud Foundry 等，可帮助用户自行设计与开发云平台。

从不同的角度来看，云平台可以划分为不同的类型。常见的分类方法是根据服务提供方式，将云平台划分为 3 种类型：

- 基础设施即服务（Infrastructure-as-a-Service，IaaS）：用户仅租用云平台提供的基础设施，用户自己在云中安装操作系统、数据库系统等基础软件，自行开发应用软件并在云中运行，对外提供某种网络服务。

- 平台即服务（Platform-as-a-Service，PaaS）：用户租用云平台的基础设施，云平台为用户在云中安装好操作系统、数据库系统等基础软件，用户自行开发应用软件并在云中运行，对外提供某种网络服务。

- 软件即服务（Software-as-a-Service，SaaS）：用户租用云平台的基础设施，云平台为用户在云中安装好操作系统、数据库系统等基础软件，按客户要求开发应用软件并在云中运行，对外提供某种网络服务。

从提供服务范围的角度，云平台可以分为 4 种类型：对普通公众提供服务的公有云，仅对企业内部用户提供服务的私有云，用于满足特定行业需求的社区云，以及涉及多种云服务共用的混合云。从提供服务类型的角度，云平台可以分为 3 种类型：以数据处理业务为主的计算云，以数据存储业务为主的存储云，以及兼顾计算与存储业务的综合云。目前，云计算已经渗透到当今社会的各行各业，支撑着大数据与智能技术的发展，并且成为支持物联网应用的重要基础设施。

2. 移动云计算的概念

近年来，随着移动终端（智能手机、笔记本计算机、平板计算机等）的广泛应用，这些设备在人们的学习、娱乐、社交等日常活动中扮演着越来越重要的角色。移动用户对于数据传输速率和服务质量的需求也在日益增长。尽管新的移动设备自身的计算能力越来越强大，但是它们通常无法在短时间内处理计算密集型的应用，例如虚拟现实、增强现实、人脸识别等应用。另外，有高计算能力需求的应用运行所带来的电能消耗，仍然是限制移动用户充分享受这类网络应用服务的主要障碍。

目前，智能手机已成为人们必备的工具，甚至已经处于与人寸步不离的状态。人们可以随时随地使用智能手机访问移动互联网，并使用互联网提供的各种便利的服务。在访问移动互联网的过程中，社交网络、地图导航、网络游戏等应用产生了大量语音、视频与文本数据；网上购物、移动支付等应用产生了很多涉及个人身份、银行账户的隐私数据。手机丢失将会造成个人信息、数据甚至财产损失的风险。因此，将手机产生的数据随时传送到云端存储，就成为一种相对安全、有效的方案。在这样的背景下，移动云计算（Mobile Cloud Computing，MCC）的概念应运而生。

移动云计算是移动网络与云计算技术相融合的产物，它是云计算应用模式在移动网络中的自然延伸和发展。研究人员给出了移动云计算的定义：移动终端设备通过无线网络访问远程的云计算中心，基于按需使用、易于扩展的原则，从云端获取所需的计算、存储、软件等资源的服务模式。图 3-2 给出了移动云计算系统的结构示意图。其中，移动终端设备可以看成云计算中心的瘦客户端，数据从移动终端迁移到云端完成计算与存储，这样就形成了"端 – 云"的两级结构。

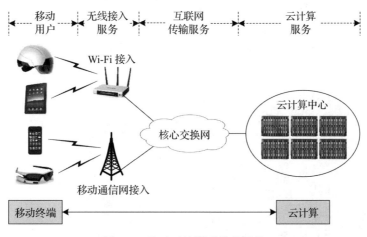

图 3-2　移动云计算系统的结构

移动云计算的主要应用场景包括：移动云存储、移动课堂、网上购物、移动支付、地图导航、网络游戏、健康监控等。当用户使用手机拍摄照片时，应用程序随时将照片数据通过网络存储到远端的云盘。如果老师希望向学生分享数据量大的课件，可以通过 App 将课件数据通过网络发送到云盘，学生随时访问云盘获取课件。近年来，移动云存储已成为用户主要的数据存储途径，并且呈现快速增长的趋势。对于计算、存储与电量受限的移动终端，移动互联网应用都建立在移动云计算之上。

传感器移动云计算（Sensor Mobile Cloud Computing，SMCC）是无线传感器网与移动云计算融合形成的研究领域，它也为移动云计算在物联网中的应用提供了一个实例。例如，对于环境监测类 WSN 来说，由于通常被部署在人难以到达的地方，因此系统维护比较困难。在设计感知节点时，如果能满足环境感知的基本要求，就应该考虑无须经常更换电池，节点生存时间越长越好，因此只能尽量减少节点的计算、存储与通信需求。为解决上述挑战，WSN 节点的数据处理任务可以迁移到云平台，用户与管理者可随时随地访问云平台的数据。图 3-3 给出了传感器移动云计算系统的结构。

在 MCC 模式中，移动终端通过移动运营商的核心网访问云计算中心，并使用云端提供的计算、存储、软件等资源。MCC 具有以下 3 个优点：一是通过将高能量消耗的计算任务／应用程序迁移到云端执行，来达到延长移动终端电池寿命的目的；二是支持在移动终端上运行计算密集型的应用程序；三是为移动终端提供更强的数据存储能力。但是，从网络拓扑的角度来看，云计算中心与移动用户之间的距离远，会给移动运营商的核心网增加更多负载，同时带来更多的网络延时。

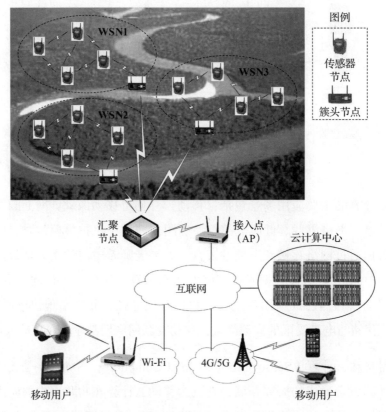

图 3-3　传感器移动云计算系统的结构

为了解决 MCC 环境中延时高的问题，新提出的边缘计算考虑将云服务部署在用户附近，即移动通信网的边缘位置。边缘计算可以被视为 MCC 的一种特殊情况。在传统的 MCC 环境中，通过移动通信网的核心网访问并使用云服务；在边缘计算环境中，计算与存储资源都位于靠近移动终端的位置。这样，边缘计算就可以提供比 MCC 更低的延时。MCC 是一种完全集中式部署的服务，而边缘计算是分布式与集中式结合部署。与 MCC 相比，边缘计算仅提供有限的计算与存储资源。

3.1.2　从边缘计算到移动边缘计算

1. 边缘计算的概念

智能工业、智能网联汽车、虚拟现实/增强现实等实时性应用出现后，提出了超高带宽、超低延时、超高可靠性等要求。例如，在智能工业的汽车制造中，用激光焊枪焊接一条 15cm 的焊缝需要在几秒内完成 1000 个焊点，在下一道工序之前必须快速判断焊点是否合格，这就要求必须使用机器视觉技术。在这种情况下，机器视觉产生的图像不可能传输到中心云完成分析，只能在靠近生产线的计算设备中快速完成焊点质量评估，这种实时性应用必然促使物联网计算模式发生变化。在这样的背景下，边缘计算（Edge Computing，EC）的概念应运而生。

曾经有学者用人的大脑与末梢神经的关系来形象地解释边缘计算的概念。他们将云计算比喻成人的大脑，而边缘计算相当于人的末梢神经。当人的手指被针刺到时，人做出的反应是下意识地将手缩回。手缩回这个动作是末梢神经为避免受到更大伤害而做出的快速反应，同时末梢神经将手指被针刺的信息传递到大脑，由大脑从更高层面来综合判断受到伤害的程度，并指挥人的身体做出进一步的反应。

实际上，边缘计算技术在 2003 年已应用于美国国防部高级研究计划局（ARPA）的士兵个人数字化试点中。作战时需要处理的战场感知信息的数据量很大，士兵携带的专用设备难以胜任计算任务。如果将战场数据上传到作战指挥中心处理，必须先解决两个基本问题：一是为每个士兵配备无线或卫星通信设备，但设备造价极高；二是为增加计算能力，又要进一步增加士兵负重，但士兵随身携带的装备已重达数十公斤。显然，这两个方案都不可取。于是，ARPA 提出了解决方案：在随行的车辆上部署专用计算设备，该设备与 1km 范围内的士兵进行数据交互。该设备既负责与周边的士兵之间通信，也负责与作战指挥中心之间通信，完成战场信息的收集、上传与作战指令的下发。从应用特征的角度来看，该设备可以被归类为位于网络边缘的计算节点。

边缘计算最早可以追溯至 1998 年 Akamai 公司提出的内容分发网络（Content Delivery Network，CDN）。CDN 是一种基于互联网的缓存网络，依靠部署在各地的缓存服务器，通过中心平台的负载均衡、内容分发、调度模块，让用户访问距离最近的缓存服务器，以便降低网络拥塞，提高用户访问的响应速度与命中率。CDN 强调的是内容（即数据）的备份与缓存，而边缘计算的基本思想是功能缓存（function cache）。2005 年，美国韦恩州立大学的施巍松教授提出了功能缓存的概念，并将其用于个性化的邮箱管理服务，以便节约网络带宽与减小传输延时。

2009 年，美国卡内基梅隆大学的 Mahadev Satyanarayanan 教授提出了微云（Cloudlet）的概念，它被认为是一种边缘计算的早期实现。2013 年，美国太平洋西北国家实验室的 Ryan LaMothe 首次提出"edge computing"一词。2016 年，美国韦恩州立大学的施巍松教授给出了边缘计算的定义。2016 年 5 月，美国自然科学基金委（NSF）将边缘计算列为突出领域（代替了云计算）。2016 年 10 月，ACM 和 IEEE 联合举办了全球首个以边缘计算为主题的学术会议（ACM/IEEE Symposium on Edge Computing，SEC）。此后，一些重要国际会议（如 INFOCOM、MiddleWare、WWW 等）开始增加关于边缘计算的分论坛。

边缘计算的概念出现之后，受到了学术界与产业界的关注。作为一种在网络边缘执行计算任务的新计算模式，当前还没有形成边缘计算的统一的定义，不同研究者都是从各自关注的角度来诠释边缘计算。有的研究者认为：边缘计算是指在网络边缘执行计算的一种新计算模型，操作对象包括来自云服务的下行数据与来自万物互联服务的上行数据。从物联网应用的角度来看，研究者们普遍认为：边缘计算是一种将计算、存储资源节点部署在靠近移动终端或无线传感器网边缘的计算模式。

边缘计算的主要特点表现在以下 3 个方面：

- 开放性：打破了传统网络的封闭性，将基础设施、数据与服务转换成开放的资源提供给用户与应用开发者，使服务更贴近用户需求。
- 协作性：将移动通信网与互联网、物联网通过技术与应用协作实现紧密融合，有助于改善网络的整体性能，提供更丰富的网络应用。
- 可扩展性：支持资源的灵活配置与调用，自动实现快速响应，适应网络服务类型的快速增长，提高用户体验效果。

2. "边缘"的内涵

为了更好地理解边缘计算的内涵，下面来深入讨论一下"边缘"的概念。

- 边缘计算中的"边缘"是相对的，泛指从数据源经过核心交换网到远端的云计算中心路径中的任意一个或多个计算、存储与网络资源节点。

- 边缘计算的核心思想是"计算应该更靠近数据源，更贴近用户"。因此，边缘计算中的"边缘"是相对于互联网中的云计算中心而言的。

- 边缘计算中的"贴近"一词包含多层含义。首先，表示数据源与边缘计算节点的"网络距离"近。这样，就可以在小的网络环境中保证网络带宽、延时与延时抖动等不稳定因素的可控性。其次，表示数据源与边缘计算节点的"空间距离"近，这就意味着用户与边缘计算节点处在同一场景（例如位置），节点可根据场景信息为用户提供基于位置信息的个性化服务。"网络距离"与"空间距离"有时可能没有关联，但网络应用可根据各自的需求来选择合适的计算节点。

- 在物联网中，网络边缘的资源节点既包括智能手机、个人计算机、可穿戴计算设备、智能机器人、无人车、无人机等用户端设备，又包括蜂窝移动通信网基站、Wi-Fi 接入点、交换机、路由器等网络基础设施，以及雾计算节点、微云、边缘服务器等小型计算中心或资源。它们形成了数量众多、相互独立、分散在用户周围的计算、存储与网络资源节点。

- 边缘计算将与用户"网络距离"或"空间距离"接近的边缘资源节点统一起来，形成了一个分布式协同工作系统，为用户提供计算、存储与网络服务。

3. 移动边缘计算的概念

在万物互联的物联网应用场景下，边缘生成的数据迎来了爆发性增长。为了解决在数据传输、计算与存储过程中的计算负载与传输带宽的问题，研究人员开始探索在靠近数据生产者的网络边缘增加必要的数据处理能力，其中代表性的研究成果包括移动边缘计算、雾计算、海云计算、露计算等。

2012 年，Cisco 公司提出了雾计算（Fog Computing）的概念。它是一种将云计算中心的任务迁移到边缘设备执行的一种高度虚拟化计算平台，通过减少云计算中心与移动用户之间通信次数，缓解主干链路的带宽负载与能耗压力。雾计算与边缘计算具有很高的相似性。雾计算关注基础设施之间的分布式资源共享问题；而边缘计算除了关注基础设施之外，还关注边缘设备（包括计算、存储与网络资源）的管理。

2012 年，中国科学院启动了战略性先导研究专项，称为下一代信息与通信技术（NICT）倡议，开展海云计算（Cloud-Sea Computing）研究，通过"云计算"系统与"海计算"系统的协同与集成，增强传统云计算的能力。其中，"海"端是指由人类自身、物理世界的设备与子系统组成的终端。与边缘计算相比，海云计算关注"海"与"云"两端，而边缘计算关注从"海"到"云"传输路径上的任意计算、存储与网络资源。

2013 年，移动边缘计算（Mobile Edge Computing，MEC）的概念出现。当时，IBM 与 Nokia Siemens 公司共同推出了一款计算平台，在无线基站内运行应用程序，从而向移动用户提供业务。2015 年，欧洲电信标准协会（ETSI）发布了边缘计算白皮书" Mobile Edge Computing-Introductory Technical White Paper"，主要介绍了边缘计算的概念与相关的市场驱动因素，并讨论了该技术所提供的业务、消费者、技术价值及收益。2017 年，ETSI 将 MEC 扩展为多接入边缘计算（Multi-Access Edge Computing），将边缘计算从蜂窝移动通信网延伸到其他无线接入网（例如 Wi-Fi）。

ETSI 对移动边缘计算的定义是：MEC 是一种新的网络计算模式，在距离用户的移动终端最近的无线接入网中提供计算与存储能力，从而减小延时、提高网络效率，满足实时性系统应用的需求，优化与改善用户体验。

移动边缘计算由以下 3 个部分组成：

- 移动终端：包括智能手机与物联网终端（例如传感器节点、RFID 设备、可穿戴计算设备、智能机器人、无人车、无人机等）。
- 边缘云：部署在移动通信网基站或 Wi-Fi 接入点处的小规模云计算设施，负责控制网络流量的转发与过滤，完成各种移动边缘计算服务。
- 中心云：部署在数据中心的大规模云计算平台。当移动终端的计算能力不能满足需求时，将计算任务迁移到附近的边缘云处理；当边缘云也不能满足应用需求时，将计算任务迁移到远端的中心云处理。

MEC 是移动通信网与云计算技术融合的产物，通过部署在网络边缘的边缘云、边缘服务器来实现特定的计算、存储任务。这种模式可绕过无线接入网与核心交换网的带宽、延时瓶颈,将计算任务放在靠近用户的边缘云中快速处理。图 3-4 给出了移动边缘计算系统的结构示意图。在 MEC 环境中,移动终端产生的实时数据与任务在边缘云中处理,仅部分必要的非实时数据及边缘云处理后的数据被传送到远端的中心云。这样,MEC 形成了"移动终端 – 边缘云 – 中心云",即"端 – 边 – 云"的三级结构。

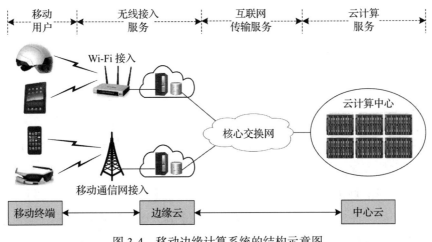

图 3-4　移动边缘计算系统的结构示意图

MEC 是在接近移动用户的无线接入网内,提供信息服务与云计算能力的一种网络结构,并已成为一种标准化、规范化的技术。MEC 位于无线接入网内并接近移动用户,这有助于实现较低的延时与较高的带宽,并提高服务质量与用户体验。MEC 强调在云计算中心与移动终端之间建立边缘服务器,在边缘服务器完成终端的计算任务,而终端设备通常被认为不具有太多的计算能力。在传统的云计算或移动云计算中,终端设备被认为具有一定计算能力。MEC 出现于 4G 时代,快速发展于 5G 时代。

3.1.3　移动边缘计算的应用场景

1. 智能网联汽车与自动驾驶

随着机器视觉、深度学习、传感器等技术的发展,汽车的功能不再局限于传统的出行与运输工具,而是逐渐变成一个智能、互联的计算系统,这类新型汽车通常被称为智能网联汽车（Intelligent Connected Vehicle，ICV）。ICV 的出现催生了一系列新的应用场景，例如自动驾驶、车联网、智能交通等。某个研究机构的报告显示，一辆自动驾驶汽车一天产生的数据量为 4TB，这些数据难以全部上传到云端处理，通常需要在边缘节点（边缘云或汽车）进行存储与计算。近年来，工业界推出了一些面向 ICV 场景的计算平台，例如 NVIDIA DRIVE Hyperion、Xilinx Zynq UltraScale+MPSoC 等。同时，学术界也开始探索面向 ICV 场景的边缘计算平台设计。

2. 智慧城市与公共安全监控

随着我国大力推动智慧城市与平安城市的建设，大量传感器设备（例如摄像头）被安装到城市的各个角落，获取、分析这些视频监控数据有助于提升公共安全。截至 2020 年底，我国"天网工程"已在全国范围内部署了超过 1.7 亿台高清摄像头，这个世界最大的安全监控网络在建成之后获得了良好的效果，使犯罪率下降到极低的水平。虽然当前城市中已经部署了大量的高清摄像头，但是大部分摄像头不具备前置的计算功能，而是需要将视频监控数据传输至远程的数据中心或云端进行处理，有些视频监控系统甚至要以人工方式进行数据筛选。边缘计算作为一种靠近数据源的计算模式，有助于节省视频数据传输占用的网络带宽，减少应用延时，从而及时发现并处理公共安全问题。

3. 工业物联网

工业物联网是将具有感知、监控能力的各种传感器、控制器以及相关的移动通信、智能分析等技术不断融入工业生产过程的各个环节，从而大幅提高制造效率，改善产品质量，降低产品成本与资源消耗，最终将传统工业提升到智能化的新阶段。2018 年，工业互联网联盟（IIC）发布了白皮书"工业物联网边缘计算"，阐述了边缘计算对工业物联网应用的价值，并总结了工业物联网边缘计算模型的特点。对于工业生产中常见的报警、分析等实时应用，在靠近数据生产者的地方进行处理与决策的速度更快，通过减少与云端的通信可以增加边缘处理的弹性。另外，边缘计算可以节省将数据传输到云端占用的网络带宽，并且避免工业数据在云端暴露可能带来的安全隐私问题。

4. 虚拟现实与增强现实

虚拟现实（VR）与增强现实（AR）技术的出现彻底改变了用户与虚拟世界的交互方式。为了保证用户体验的质量，VR/AR 的图片渲染过程有很强的实时性需求。VR/AR 领域的研究结果显示：通过将计算任务卸载到边缘节点执行，可以有效降低 VR/AR 的平均处理延时，为用户带来效果更佳的虚拟交互体验。有些研究将 VR/AR 负载分为不同部分（前景交互与背景环境），前景交互部分仍然放在云端处理，而背景环境渲染被卸载到边缘服务器，甚至是由移动设备来直接处理，这有利于实现移动设备上的高质量 VR 应用。另一些研究尝试在边缘服务器提供 VR 缓存能力，并重新使用此前渲染过的 VR 图像，以便减少占用边缘服务器的计算、存储与网络资源。

5. 智能家居应用

随着物联网技术的快速发展，智能家居系统获得了进一步的发展。在智能家居系统中，通过大量的物联网设备（例如传感器、智能家电、照明系统、安防系统等）实时监控家庭内部状态，接受外部控制命令并完成对家居环境的调控，从而提升家居安全性、便利性与舒适性。某研究机构的统计数据显示，2022 年我国智能家居设备的出货量达到 2.6 亿台。但是，随着各类智能家居设备越来越多，并且这些设备通常是异构的，如何管理这些异构设备成为一个急需解决的问题。由于家庭数据（特别是视频数据）涉及用户的隐私，因此绝大多数用户不愿意将数据上传至云端处理。边缘计算可以将数据推送至家庭内部网关处理，减少家庭数据的外流，从而降低隐私数据外泄的可能性。

3.2　MEC 的技术架构

3.2.1　MEC 的标准化工作

MEC 通过开放网络能力与大数据、云计算平台结合，使第三方应用可以部署到网络边缘，是从扁平到边缘及面向 5G 网络架构演进的技术，同时也提供了一种新的生态系统与价值链。对于当前发展迅速的物联网应用，特别是在一些新兴的物联网应用领域，例如自动驾驶、无人机、VR/AR、智慧城市等，物联网应用强调对图像、视频的识别与处理能力，或者对于网络的低延时与高带宽有苛刻的要求，例如延时要控制在数十毫秒以内。传统的云计算模式显然无法满足当前的延时与带宽需求，而 MEC 则可以取代其成为解决这些新业务需求的重要方案。随着学术界与产业界对 MEC 的日益重视，有关 MEC 的标准化工作逐渐受到各大标准化组织的关注。

ETSI 在 MEC 的标准化方面做了很多努力。2014 年 10 月，ETSI 成立了 MEC 行业规范工作组，开始关注 MEC 方面的研究工作。2015 年 9 月，ETSI 发布了 "MEC 技术介绍白皮书"，主要涉及 MEC 定义、场景应用、平台架构、使能技术、部署方案等内容。此后，ETSI 正式启动了 MEC 技术标准化工作。研究人员深入研究后，发现 MEC 的技术优势已突破蜂窝移动接入技术，可以融合其他无线接入技术与固定接入技术。2017 年 3 月，ETSI 提出将移动边缘计算扩展为多接入边缘计算，并将相关工作组改名为多接入边缘计算工作组，以便满足 MEC 的应用需求并开展相关标准的制定。

2015 年 11 月，普林斯顿大学、Cisco、ARM、Intel、Microsoft 等单位成立了开放雾（open fog）联盟，致力于推进雾技术与应用场景在边缘的结合。2018 年 12 月，开放雾联盟并入了工业互联网联盟（Industrial Internet Consortium，IIC）。2016 年 11 月，华为公司、中国科学院沈阳自动化研究所、中国信息通信研究院、Intel、ARM 等单位成立了边缘计算产业联盟（Edge Computing Consortium，ECC），致力于推动 "政产学研用" 各方的资源合作，引领边缘计算产业的健康可持续发展。

2017 年 8 月，丰田汽车、NTT、Ericsson、Intel 等公司成立了汽车边缘计算联盟（Automotive Edge Computing Consortium，AECC），致力于开发连接汽车的网络与计算生态系统，关注用边缘计算与高效网络来增加网络容量，以适应汽车大数据应用的需求。2019 年，在第二届欧洲边缘计算论坛上，华为公司与 18 家合作伙伴达成意向，联合建立欧洲边缘计算产业联盟（Edge Computing Consortium Europe，ECCE），致力于创建可以在智能制造及其他工业物联网应用与网络运营商之间部署的参考架构。

2017 年 6 月，Amazon 公司发布了边缘计算产品 " AWS IoT Greengrass"，后期更新为以机器学习形式提供边缘计算服务。2018 年 5 月，Microsoft 公司在 2018 年开发者大会上发布了"Azure IoT Edge"等边缘侧产品，将业务重心从 Windows 操作系统转移到智能边缘计算，通过将部分工作负载转移至边缘侧，使设备将消息发送到云端的延时更小。2018 年 3 月，阿里云宣布战略投入边缘计算领域，并推出第一个 IoT 边缘计算产品"Link Edge"，将阿里云在云计算、大数据、人工智能等方面的优势拓展到靠近端的 MEC，致力于打造云、边、端一体化的协同计算体系。

2016 年，中国通信标准化协会（China Communications Standards Association，CCSA）接受了我国 3 家电信运营商（中国移动、中国电信与中国联通）关于边缘计算的研究课题，主要研究边缘计算的应用场景、平台架构、API 接口定义等内容。2017 年 8 月，CCSA 下属的工业互联网组新增了有关边缘计算在工业互联网中应用的研究课题，将边缘计算涉及的应用层面扩展到了工业领域。

3.2.2 ETSI 的 MEC 架构

2015 年，ETSI 发起了 MEC 技术标准化工作。2016 年，ETSI 发布了 3 份 MEC 相关的技术规范。其中，第 1 份规范 GS MEC-001 主要针对 MEC 术语进行规范化，涵盖了 MEC 的概念、架构、功能单元的相关术语；第 2 份规范 GS MEC-002 给出了 MEC 在平台互通与部署方面的技术要求及用例；第 3 份规范 GS MEC-003 提供了 MEC 参考架构、接口、功能单元与模块。另外，ETSI 还定义了 MEC 服务场景（GS MEC-004）、MEC 概念验证框架（GS MEC-005）、MEC 性能指标指南（GS MEC-006）、MEC 平台应用实现（GS MEC-011）、MEC 网络信息服务 API（GS MEC-012）等。2017 年底，MEC 标准化第 1 阶段的任务完成；2018 年 9 月，MEC 标准化第 2 阶段的任务完成。

2016 年 3 月，ETSI 发布了"MEC 全球标准 003 版（GS MEC-003）"，其中定义了基于网络功能虚拟化（NFV）的 MEC 框架及参考架构。MEC 通过将网络侧功能与应用部署能力下沉至距离用户设备（UE）最近的网络边缘，即位于或靠近无线接入网（RAN）的位置，为应用开发商与内容供应商提供云计算能力和 IT 服务环境，使网络能力按需编排、应用部署更灵活、业务处理更靠近用户，从而更好地满足低延时、高带宽等应用需求。图 3-5 给出了 ETSI 的 MEC 参考架构，并展示了 MEC 功能实体及各实体之间的关系。该 MEC 参考架构可分为 3 个层次：系统层、主机层与网络层。

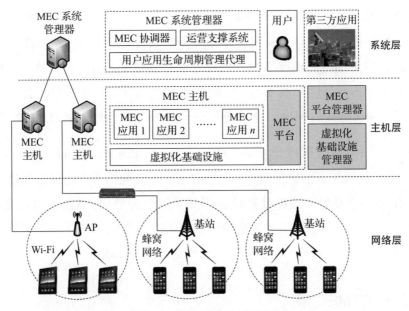

图 3-5　ETSI 的 MEC 参考架构

系统层由 MEC 系统管理器、用户及第三方应用构成。MEC 系统管理器对网络中已部署的 MEC 主机、可用的资源、可用的 MEC 服务及网络拓扑进行整体控制；加载用户或第三方应用，检查程序完整性与真实性、验证应用规则与需求，必要时调整以满足运营商策略；为应用的处理准备虚拟基础设施管理器，根据应用需求来管理虚拟化基础设施；基于延时、可用资源等为应用选择适当的 MEC 主机。

主机层包括多个 MEC 主机，每个主机包含 MEC 平台、MEC 应用与虚拟化基础设施，以及支持主机管理的 MEC 平台管理器与虚拟化基础设施管理器。MEC 平台与 MEC 应用可以提供或使用对方的服务，例如 MEC 应用发现并使用 MEC 平台提供的无线网络、用户设备位置、带宽管理等服务，MEC 应用注册成为平台提供的 MEC 服务。

虚拟化基础设施利用通用硬件（计算、存储、网络设备）为 MEC 应用提供虚拟化资源，以便灵活、有效地共享硬件资源。MEC 应用是基于虚拟化基础设施的虚拟化应用，通过应用程序接口（API）可以对接第三方应用。

MEC 网络层由各种接入网构成。这些接入网主要分为 2 类：电信运营商架设基站构成的蜂窝网络和用户单位部署 AP 构成的 Wi-Fi。

3.2.3 3GPP 的 MEC 架构

第三代合作伙伴计划（3rd Generation Partnership Project，3GPP）作为当前影响力最大的电信标准化组织，也将 MEC 列为未来 5G 时代的关键技术。在 3GPP 系统架构（System Architecture，SA）的标准化进程中，将 MEC 的需求作为重要的设计因素。2016 年 4 月，3GPP 的 SA2 工作组在 R15 中接受 MEC 成为 5G 网络架构的关键议题。2017 年 4 月，SA2 工作组在 R14 中定义了基于控制面与用户面分离的 5G 服务化架构，并给出了针对 MEC 的流量疏导方案与业务连续性方案。由于 3GPP 标准化工作主要针对网络架构，因此更注重 MEC 平台与网络架构设计等方面。

SA2 工作组在 R14 方向推进控制面与转发面分离的 5G 核心网架构演进，目前第 3 阶段已经定型。其中，5G 会将 4G 核心网中固化在同一网元内的不同功能剥离，重组为专注于特定功能的不同模块。4G 核心网由移动管理实体（Mobility Management Entity，MME）、服务网关（Serving Gateway，S-GW）、分组数据网关（Packet Data Network Gateway，P-GW）等网元组成。5G 核心网将 MME 分解为会话管理功能（Session Management Function，SMF）、接入与移动性管理功能（Access and Mobility Management Function，AMF）等，并使用用户面功能（User Plane Function，UPF）代替 S-GW 与 P-GW 来承担路由功能。

图 3-6 给出了 4G 到 5G 网络架构的变化。5G 核心网会增加网络开放功能（Network Exposure Function，NEF），用于将监控、配置、策略、收费等网络能力开放给第三方，以支持 MEC 在 5G 网络中的部署。CP/UP 分离架构支持 UPF 及部分控制面模块，例如会话管理功能（SMF）、策略控制功能（Policy Control Function，PCF）、网络开放功能（NEF）等，随 MEC 设备进行按需的灵活部署。另外，网络边缘增加了本地数据网（Local Data Network，L-DN），以便通过 MEC 设备实现内容访问。应用程序功能（Application Function，AF）用于提供应用程序，它可以由运营商或第三方管理。用户设备（User Equipment，UE）通过无线接入网（RAN）接入 4G/5G 网络。

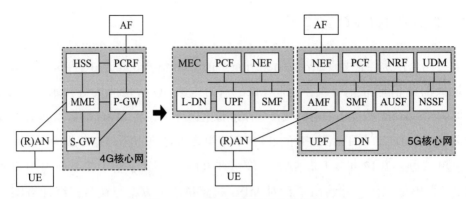

图 3-6 4G 到 5G 网络架构的变化

3GPP 的 SA2 在 R15 标准中定义了 5G 的整体架构。通过 5G 核心网的控制面与转发面分离，UPF 可以灵活地下沉部署到网络边缘，而 SMF、PCF 等控制面实体可以集中部署。通过 UPF 可以解决边缘业务分流的计费及监听问题。通过定义各种基于服务的服务化接口，网络功能既能产生服务又能消费服务，这些接口极大地降低了系统接口交互的成本。对于运营商内部授信域的应用程序功能（AF），可直接开放网络功能的服务接口；对于第三方非授信域的 AF，可通过 NEF 开放网络功能的能力，使 AF 能够影响 5G 核心网的业务路由与策略规则。

当 5G 网络支撑 MEC 时，由 AF 向非授信域（NEF）或授信域（PCF）发送 AF 请求，其中包含目标 DNN、应用 ID、N6 路由需求、应用位置（DNAI）、UE 信息、应用移动性等参数。PCF 根据 AF 提供的参数，结合自身策略控制，为目标会话的业务流生成策略控制规则，通过 SMF 为其选择一个适当的 UPF（如靠近用户的位置），并配置 UPF 将目标业务流通过 N6 接口传输到目标应用。同时，5G 核心网通过管理消息通知 AF 有关 UPF 位置改变的情况，以便 AF 能够相应地改变应用的部署位置。这时，AF 的角色就相当于应用控制器，提供 MEC 应用与 5G 控制面之间的交互能力。

图 3-7 给出了 3GPP 的 MEC 参考架构，描述了在 5G 网络中以集成方式部署 MEC 的方式。MEC 参考架构可分为 2 个层次：系统层与主机层。其中，系统层负责提供系统级的管理功能，其中的核心实体是 MEC 编排器，可以提供应用基础设施资源编排、应用实例化、应用规则配置等功能，其功能相当于应用控制器（即 AF）。因此，当 MEC 部署在 5G 网络中时，MEC 编排器就可以充当 AF，代表部署在 MEC 上的

应用与 5G 控制面交互。从 MEC 的角度来看，UPF 可作为 MEC 主机中转发面的具体实现。但是，UPF 需要接受 5G 核心网中 SMF 与 PCF 的管理与控制。

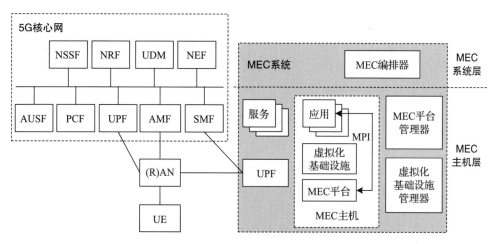

图 3-7   3GPP 的 MEC 参考架构

MEC 主机层负责提供主机级的管理功能，主要包括 MEC 平台管理器、虚拟化基础设施管理器等功能实体。该层定义了主机、平台、应用、服务等术语。MEC 平台位于 MEC 主机中，为不同 MEC 应用提供相应的服务支持，这些应用运行在 MEC 主机中的虚拟化基础设施之上。MEC 平台定义了 3 个 MEC 服务：无线网络、终端位置与带宽管理。MEC 应用可以调用服务 API 来优化性能或提供新业务。在 MEC 平台与 MEC 应用之间定义了 MPI，以便实现 MEC 服务的开放性，为应用提供简洁、独立的服务访问机制。为了避免运营商网络服务开放框架的碎片化，3GPP 的 SA6 计划在 R15 中定义一个通用 API 开放框架结构（CAPIF）。

3.3   MEC 的关键技术

3.3.1   虚拟化技术

虚拟化（virtualization）是计算机领域的一项传统技术，起源于 20 世纪 60 年代。云计算系统由云数据中心的大量计算、存储和网络设备构成，并利用虚拟化技术将它们构成集中管理、可以共享的虚拟基础设施，能够为大量用户提供便捷、可靠、安全的远程服务。因此，虚拟化技术是支撑云计算系统设计与运行的关键技术。边缘计算是在云计算基础上发展起来的在网络边缘提供快速访问的小规模云计算模式。因此，边缘计算也是建立在虚拟化技术基础上的。

在不使用虚拟化技术的情况下，一台计算机每次仅能运行一个操作系统，而应用程序直接运行在这个操作系统之上。这样，应用程序开发者必须针对特定的操作系统来编写程序代码。虚拟化技术通过软件将计算机资源分割成多个独立、相互隔离的实体，即虚拟机（Virtual Machine，VM），每个虚拟机都具有一个特定操作系统的特征。因此，一台运行虚拟化软件的主机能够在一个硬件平台上同时运行多个操作系统，而在每个操作系统上又能够同时运行多个应用程序。

图 3-8 给出了虚拟机系统的基本结构。其中，虚拟机管理器（Virtual Machine Monitor，VMM）是一种模拟硬件应用环境的系统软件，它通常被称为管理程序（Hypervisor）。VMM 负责为一台主机上运行的多个虚拟机分配资源，包括 CPU、内存、磁盘、网络连接等，使得虚拟机就像直接运行在主机硬件之上。因此，虚拟机是一台利用虚拟化技术形成的逻辑计算机系统，其中包含操作系统与应用软件。在虚拟机建立起来之后，可以像一台真正的主机那样开机、加载操作系统与应用程序。与物理主机不同的是，虚拟机仅能访问分配给它的资源，而不是直接访问物理主机上的所有资源。

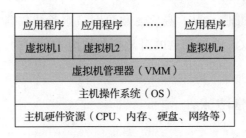

图 3-8 虚拟机系统的基本结构

根据抽象的层次不同，虚拟化技术可分为 5 种类型：

- 硬件辅助虚拟化：在硬件芯片上支持虚拟化的模式，将虚拟机管理器嵌入硬件电路中，通过在主机中创建硬件虚拟机来仿真所需的硬件。这种模式的优点是系统运行效率高，缺点是严重依赖于硬件芯片。

- 完全虚拟化：对物理主机硬件进行完全虚拟化的模式，在虚拟机与底层硬件之间建立一个虚拟层，负责协调虚拟机对底层硬件资源的访问。这种模式不需要修改操作系统，其典型代表是 Hypervisor。

- 准虚拟化技术：对物理主机硬件进行准虚拟化的模式，在虚拟机与底层硬件之间建立一个准虚拟层，负责协调虚拟机对底层硬件资源的访问。这种模式需要修改操作系统，其典型代表是 Xen。

- 容器虚拟化：对应用程序的运行环境进行虚拟化的模式，通常是在操作系统内核之上划分出相互隔离的容器，不同的应用程序运行在不同的容器中。容器虚拟化不是直接模拟物理主机，而是所有容器化的应用程序共享操作系统内核。相对于其他虚拟化方式，容器更小、更轻量级，其典型代表是 Kubernetes。

- 应用虚拟化：将应用程序与操作系统运行环境解耦，为每个应用程序提供虚拟运行环境的虚拟化模式。这种模式采用类似于虚拟终端的技术，将应用程序的人机交互与计算逻辑加以隔离。

根据应用类型的不同，虚拟化技术可分为 4 种类型：

- 系统虚拟化：在一台主机上虚拟出多台虚拟机，为每台虚拟机提供一套虚拟的硬件环境（包括 CPU、内存、硬盘、外设、I/O 接口、网络接口等）。主机操作系统为虚拟机提供硬件共享、统一管理、系统隔离等功能。

- 软件虚拟化：包括应用程序虚拟化与编程语言虚拟化。其中，应用程序虚拟化是将应用程序与操作系统相结合，为应用程序提供一个虚拟运行环境。编程语言虚拟化用于实现可执行程序在不同计算机系统之间的迁移。

- 存储虚拟化：为物理存储器提供一个抽象的逻辑视图，用户可根据该视图中的统一逻辑来访问虚拟化的存储器。从实现方式来看，存储虚拟化可分为基于存储设备的虚拟化与基于网络的存储虚拟化。

- 网络虚拟化：在物理网络上创建相互隔离的虚拟网络的技术。云计算可利用某种虚拟网络来抽象物理网络并创建资源池，使用户能够从资源池中获取所需资源。这种虚拟化技术主要分为两类：一类是虚拟局域网（VLAN），常用于小型企业网，以分隔不同的业务部门；另一类是软件定义网络（SDN）构建的虚拟网络。

3.3.2　软件定义技术

传统网络是采用"以网络为中心"的思路来组建的，随着用户与流量的快速增长，网络只能通过不断扩容来满足业务需求。按照这种方式来发展，网络会变得越来越臃肿，而网络的运维成本也会越来越高。由于网络协议难以灵活改变，无法快速适应由业务创新带来的需求变化，这必然造成用户体验越来越差。传统电信运营商已感受到"管道化"与"边缘化"的威胁，并陷入"增量不增收"的怪圈。因此，网络重构势在必行，而云计算及软件定义将成为网络重构的重要技术。

云计算是在虚拟化、分布式技术的基础上发展起来的，它是一种新型的 IT 服务提供模式与解决方案。云计算的主要特征是对传统 IT 的"软件定义"，它必然会带来部署、运维及业务服务模式的巨大变革。软件定义技术主要涉及 2 种技术：软件定义网络（Software Defined Network，SDN）与网络功能虚拟化（Network Functions Virtualization，NFV）。云计算是实现网络重构的基础，它为 SDN/NFV 重构网络提供了容器与资源池。利用 SDN/NFV 技术形成的网络基础设施，也需要通过云计算方式完成部署。网络重构之后带来的网络性能提升，也为云计算的广泛应用提供了更好的运行环境。因此，未来的网络将是云计算与 SDN/NFV 相互协同、融合的开放架构。

1. SDN 技术

目前，有关 SDN 的定义有很多，其中比较有影响的是两个定义。第一个是开放网络研究中心（ONRC）给出的定义：SDN 是一种存在逻辑上集中控制的新型网络结构，主要特征是数据平面与控制平面分离，数据平面与控制平面之间通过标准的开放接口 OpenFlow 实现信息交互。第二个是开放网络基金会（ONF）给出的定义：SDN 是一种支持动态、弹性管理，实现高带宽、动态网络的理想结构，将网络的控制平面与数据平面分离，抽象出数据平面网络资源，并支持通过统一的接口对网络进行编程控制。从两个定义中可看出，SDN 的主要特征是数控分离、逻辑集中控制与统一的开放接口。

例如，传统路由器是一台专用的网络硬件设备，它需要同时完成数据分组的路由与转发功能，即同时具备数据转发平面与网络控制平面。SDN 是将传统的数据平面与控制平面紧耦合的结构改造为数据平面与控制平面分离的结构，路由器的控制平面功能集中到 SDN 控制器，而实现数据平面功能的 SDN 路由器是可编程交换机。SDN 控制器通过发布路由信息与控制命令，实现对路由器数据平面功能的控制。SDN 通过标准协议对网络进行集中控制，实现对网络流量的灵活控制与管理。

SDN 并不是要取代网络设备的控制平面，而是从整个网络视图的角度增强控制平面功能，根据动态的流量、延时、QoS 与安全状态，决定各个节点的路由与分组转发策略，将控制指令推送到网络设备的控制平面，控制设备数据平面的分组转发过程。图 3-9 给出了 SDN 的体系结构，它由控制平面、数据平面与应用平面构成。控制平面与数据平面之间的接口称为南向接口，控制平面与应用平面之间的接口称为北向接口，控制平面内部的 SDN 控制器之间的接口称为东 / 西向接口。

SDN 不是一种协议，而是一种开放的网络体系结构。SDN 通过将传统、封闭的网络设备中的数据平面与控制平面分离，实现网络硬件与控制软件分离，并且制定开放的标准接口，允许网络软件开发者与网络管理员通过编程来控制网络，将传统的专用网络设备转变为可通过编程定义的标准化通用网络设备。可编程性是 SDN 的核心。编程人员只要掌握网络控制器 API 的编程方法，就可以编写控制各种网络设备（例如路由器、交换机、网关、防火墙、接入点）的程序，而无须知道设备配置命令的具体语法与语义。控制器负责将控制程序的运行结果转化成指令来控制网络设备。

因此，SDN 的基本特点可以总结为：

- 开放的体系结构。
- 控制与转发分离。
- 硬件与软件分离。
- 服务与网络分离。
- 接口标准化。
- 网络可编程。

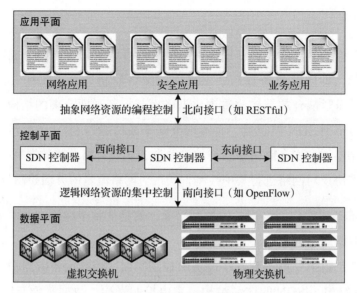

图 3-9　SDN 的体系结构

2. NFV 技术

面对互联网业务的大规模开展，电信运营商面临沦为"廉价管道"的困境。电信运营商与互联网服务提供商急于打破传统网络封闭、专用、运营成本高、利用率低的局面，致力于推动网络体系结构与技术的变革。2012 年 10 月，全球 13 家运营商（包括中国移动、AT&T、BT、NTT 等）联合发布了第一份 NFV 白皮书，该白皮书的名称为《网络功能虚拟化：概念、优势、推动者、挑战及行动呼吁》。

传统的专用、封闭的网络设备主要包括：路由器、交换机、接入点、防火墙、入侵检测系统 / 入侵防护系统（IDS/IPS）、代理服务器、CDN 服务器、网关等。NFV 利用虚拟化技术将网络功能整合在标准化的设备上，采用软件形式实现网络功能，以代替当前网络中的专用设备。这样，软件开发商就能够在标准化的计算设备、存储器或网络设备上，开发支持远程部署的网络功能软件。这样，软件可以不依赖于硬件，并按用户需求灵活配置。

目前，有关 NFV 的定义有多个，其中比较有影响有两个定义。第一个是 ETSI 给出的定义：NFV 致力于改变网络运营者构建网络的方式，通过虚拟化技术将各种网络组成单元变为独立应用，可灵活部署在基于标准的服务器、存储器、交换机构建的统一平台上，实现在数据中心、网络节点和用户端等各个位置的部署与配置。NFV可以将网络功能软件化，以便在业界标准的服务器上运行，软件化的功能模块可迁移或部署在网络中的多个位置而无须安装新的设备。第二个是OpenStack基金会给出的定义：NFV是通过软件与自动化代替专用的网络设备来定义、创建和管理网络的新方式。

图3-10给出了NFV的功能结构示意图。NFV技术框架由3个部分组成：NFV基础设施（NFV Infrastructure，NFVI）、虚拟化的网络功能（Virtual Network Function，VNF）及VNF管理与编排器。其中，NFVI通过虚拟化层将物理的计算、存储与网络资源转换为虚拟的计算、存储与网络资源，并统一放置在资源池中。VNF主要包括虚拟的计算、存储与网络资源，以及管理虚拟资源的网元管理软件。VNF是可以组合的模块，而每个VNF仅提供有限的功能。对于应用程序中的某条数据流，需要将多个VNF进行编排，形成一条实现用户所需功能的VNF服务链。VNF管理与编排器负责管理虚拟资源，实现VNF应用实例的创建，以及VNF服务链的编排、监视与迁移。

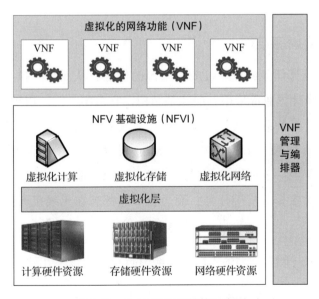

图 3-10　NFV 的功能结构示意图

3.3.3　计算卸载技术

移动边缘计算将原先位于云平台的功能"下放"到移动网络的边缘，并提供处理这些功能所需的计算、存储、网络等资源，使移动用户能够获得高带宽、低延时的网络服务。计算卸载作为移动边缘计算的关键技术之一，可帮助终端设备将全部或部分计算任务传送到云平台执行。对于计算密集型、延时敏感型的网络应用来说，计算卸载将应用所需的资源提供给资源受限的移动设备，以加快应用程序的执行速度并减少能量消耗，从而缓解移动设备在计算、存储能力及电池能量方面的不足。

计算卸载技术就是为了解决移动设备的资源受限问题而提出的。计算卸载技术的研究主要涉及 3 个方面：一是 MEC 计算卸载体系结构，主要涉及计算卸载所在的边缘计算环境，以及边缘节点的设备类型；二是卸载决策问题，主要确定计算任务是否需要卸载、全部或部分卸载，以及将任务卸载到什么地方执行；三是资源分配问题，主要研究将任务卸载到边缘节点之后如何为执行任务分配足够的资源，以及任务卸载传输中的通信资源分配问题，致力于保障任务卸载在某些方面获得更好的性能提升。

1. 计算卸载的体系结构

边缘计算将计算任务放在靠近应用来源的位置，从而减少执行应用的延时并提高用户体验。边缘计算通常采用三层体系结构，它由中心云、边缘云（或边缘节点）、移动设备构成。计算卸载是将计算量大的任务卸载到资源充足的节点执行，然后从执行节点取回计算结果。图 3-11 给出了 MEC 计算卸载的体系结构。在"端-边-云"三级结构中，中心云能够提供稳定、强大的计算能力，执行边缘节点发现、资源管理与全局性大数据分析等任务；而边缘节点部署在无线接入网或其与核心网之间的通信链路上。

根据实现技术与硬件类型的不同，边缘节点可分为以下几种类型：

- 微型数据中心：它是分布在不同地理位置的小型云数据中心，与云数据中心采用相同的架构，但是服务器数量通常较少。通过在不同地区部署微型数据中心，有助于减小网络延时、减少带宽消耗与节约云的开销。
- Cloudlet：它是位于移动设备附近、单跳可访问的服务器集群。Cloudlet 通常是基于虚拟机构建的设备集群，支持动态扩展与收缩，能够弹性响应移动用户服务请求。

- 基站：随着 LTE、5G 等移动通信技术的发展，越来越多的基站（例如宏基站、小基站、微基站、微微基站、家庭基站等）被部署在移动设备附近。除了基本的无线接入功能之外，通过连接或内部集成计算设备与存储设备，这些增强型基站还可以作为边缘节点提供计算能力。

- 其他节点：根据多接入边缘计算的定义，位于网络边缘与中心云的通信链路上的任何计算设备都可以成为边缘节点。从对等计算的角度来看，移动设备既可以成为资源的需求方，也可以成为资源的提供方。因此，车联网的路边设施、物联网连接移动通信网的网关，甚至智能手机都可以成为边缘节点。

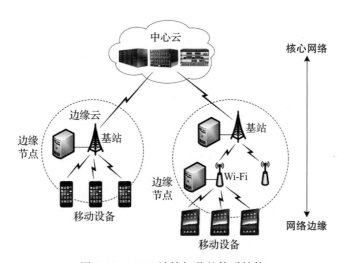

图 3-11　MEC 计算卸载的体系结构

计算卸载的基本步骤是：代理发现、任务分割、卸载决策、任务提交、任务执行与结果回传。其中，代理发现步骤负责为移动设备发现一些可用的代理资源，它们可以位于远端的云计算中心或网络边缘的 MEC 设备。任务分割步骤负责将整个计算任务划分为本地执行部分与云端执行部分，其中云端部分通常是与本地设备交互少、计算量大的程序代码，这部分还可以进一步划分为更小的可执行单元，并同时卸载到不同的代理上执行。卸载决策步骤是计算卸载的核心环节，主要解决是否卸载以及卸载到哪里的问题。任务提交步骤负责按照卸载决策将划分好的计算任务发送到云端。

2. 卸载决策

卸载决策是指移动设备决定是否卸载、卸载多少任务以及卸载什么任务的过程。在基于 MEC 的计算卸载系统中，移动设备由代码解析器、系统解析器与决策引擎组成，其执行卸载决策通常有 3 个步骤：首先，代码解析器负责确定卸载什么，卸载内容取决于应用程序类型与代码数据；然后，系统解析器负责监控各种参数，例如可用带宽、卸载的数据大小或执行程序耗费的电量；最后，决策引擎负责确定是否卸载。移动设备的卸载决策结果有 3 种情况：本地执行、全部卸载与部分卸载（如图 3-12 所示）。具体的决策结果由用户设备的能量消耗与完成计算任务的延时来决定。

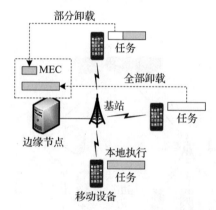

图 3-12　移动设备的卸载决策结果

根据程序划分粒度的不同，卸载决策可分为 2 类：细粒度卸载与粗粒度卸载。其中，细粒度卸载是指基于进程或功能函数划分的卸载决策；粗粒度卸载是指基于应用程序或虚拟机划分的卸载决策。根据卸载部分的确定方式，卸载决策可分为 2 类：动态卸载与静态卸载。其中，静态卸载是指在执行卸载之前已确定需要卸载的部分，动态卸载是指根据卸载过程中的实际影响因素来动态地规划需要卸载的部分。移动设备按卸载策略将划分好的任务发送给边缘节点，并将执行后的计算结果回传给移动设备。

计算卸载的过程可能受到外部环境或内部因素的影响，例如无线信道的通信质量、边缘节点的可用性、移动设备的性能、用户的使用习惯等，因此计算卸载的关键在于指定合适的卸载决策。目前，卸载决策方案通常以延时或能耗作为评价指标。

在不进行计算卸载时，延时是指在移动设备处执行本地计算所花费的时间，能耗是指在移动设备上执行本地计算所消耗的能量。在进行计算卸载时，延时是指向边缘节点卸载数据的传输时间、在边缘节点处的执行时间与从边缘节点回传结果的传输时间之和，能耗是指向边缘节点卸载数据的传输能耗与从边缘节点回传结果的传输能耗之和。

由于延时是影响用户使用体验的关键因素，因此计算决策需要重点考虑任务处理延时。延时可能导致耦合程序因缺少相关结果而无法正常运行，所有卸载决策至少都需要满足移动设备所能接受的延时限制。另外，计算卸载还要考虑能量消耗问题，如果能量消耗过大，则会导致移动设备的电池快速耗尽。最小化能耗是指在满足延时条件约束下的最小能耗值。对于某些应用程序，如果无须最小化延时或能耗指标，则可根据程序的具体需要，为延时与能耗指标赋予不同的加权值，使二者数值之和最小，这种方案称为最大化收益的卸载决策。表 3-1 对比了三种卸载决策方案。

表 3-1　三种卸载决策方案的对比

性能需求	适用范围	优点	缺点
最小化延时	时间敏感型应用	卸载过程的延时最小	无法保证移动设备能否承受能耗
最小化能耗	能量消耗型应用	卸载过程消耗的能量最少	在最小化能耗的同时满足延时限制
最大化收益	无须最小化延时或能耗的应用	卸载过程的收益最大（延时与能耗的加权和最小）	针对特定的应用程序，适用范围有限

3. 资源分配

边缘计算的目的是在网络边缘提供计算、存储与网络资源，满足用户日益增长的高带宽、低延时的网络应用需求。计算卸载可以扩展移动设备的计算能力并提升用户体验，而资源分配有助于进一步提高计算卸载性能。如果移动设备的计算任务是不可分割的，或者是可分割但分割的部分之间存在联系，则需要将任务卸载到同一边缘节点。对于可分割但分割的部分之间不存在联系的计算任务，则可以将其卸载到多个边缘节点。单一节点的资源分配虽然可以实现资源分配的功能，但是无法实现多个边缘节点的负载均衡。因此，针对多个节点协同卸载计算资源成为提升卸载性能的主要途径。

资源分配作为 MEC 计算卸载的关键技术，涉及将计算任务卸载到哪里的问题。计算卸载相关的资源分配通常关注计算与网络资源。移动设备在计算能力方面存在局限性，随着各种计算密集型网络应用的出现，急需靠近设备的边缘节点提供计算能力。但是，边缘节点的计算能力不如云计算中心，必然会存在计算能力方面的限制。如果边缘节点的计算能力达不到任务的需求，则合理分配计算资源将有助于提高性能。针对卸载任务的计算资源分配问题，研究人员已经从网络环境、MEC 部署、传输技术等方面开展研究。

随着各类新型移动互联网、物联网应用的出现，这些数据密集型应用产生的数据量不断增多。移动设备自身的计算、存储能力有限，有实时需求的应用数据通常就近传输到边缘节点处理，而大部分数据则被传输到远端的云计算中心进行处理。数据量的爆炸性增长会导致上传拥塞的情况频发，无疑给通信网带宽带来了巨大压力。因此，对计算卸载中使用的网络资源进行合理分配，有助于减少数据量剧增导致网络拥塞的概率。通过对计算资源与网络资源进行联合分配，可以在提升系统资源利用率的同时，提高任务处理效率并缓解数据对通信网的压力。表 3-2 对比了三类资源分配方案。

表 3-2   三类资源分配方案的对比

资源需求	适用范围	优点	缺点
计算资源	计算密集型应用	提高计算资源利用率	无法保证计算卸载时出现网络拥塞
网络资源	数据密集型应用	提高网络资源利用率	未考虑边缘节点是否有足够计算资源
计算资源与网络资源	兼有计算密集与数据密集的应用	提高计算资源与网络资源的综合利用率	边缘节点协同卸载时存在干扰

3.4   MEC 系统的实现

3.4.1   Cloudlet 技术

2009 年，卡内基梅隆大学提出了 Cloudlet 的概念。Cloudlet 是一个可信并且资源丰富的主机或主机集群，它被部署在网络边缘（即接入网与核心网之间），能够为接入的移动设备提供计算、存储与网络服务。Cloudlet 是学术界公认的比较成熟的一种 MEC 系统，它将移动计算的"端－云"架构转变为边缘计算的"端－边－云"架构。Cloudlet 是边缘计算与移动云计算结合的产物。Cloudlet 可以像云平台一样为移动用户提供服务，因此它又称为"微型数据中心"（Data Center in a Box）或"微云""薄云""小云"。

移动设备与 Cloudlet 通常会接入同一个基站，或者是属于同一个 Wi-Fi 网络。由于移动设备到 Cloudlet 仅有"一跳"的距离，因此它可以有效地控制网络延时，从而为计算密集型与交互性较强的移动应用提供服务。Cloudlet 利用数据传输路径上的资源为用户提供服务，并对这些空间上分散的计算、存储与网络资源进行统一的管理与控制，使开发者能够快速地开发与部署 MEC 应用。为了推动 Cloudlet 的发展，CMU 联合 Intel、华为等公司建立了开放边缘计算联盟（Open Edge Computing，OEC），致力于将 OpenStack 扩展到 MEC 平台，使分散的 Cloudlet 可以通过标准的 API 进行统一管理。

Cloudlet 是基于动态 VM 合成技术的 MEC 系统，也是一种典型的粗粒度计算卸载系统。Cloudlet 实现了 MEC 的以下重要功能：

- 快速配置：由于移动设备具有较强的移动性，Cloudlet 与移动设备的连接是动态的，用户的接入与断开都会导致对 Cloudlet 功能的需求发生变化，因此 Cloudlet 必须实现灵活的 VM 快速配置。
- 虚拟机迁移：为了维持网络的连通性和服务的正常工作，Cloudlet 需要解决用户移动性问题。在用户的移动过程中，可能超出原有 Cloudlet 的覆盖范围，进入其他 Cloudlet 的服务范围，这种移动将造成上层应用的中断，严重影响用户体验。Cloudlet 必须在用户切换过程中无缝完成服务迁移。
- Cloudlet 发现：Cloudlet 是在地理上采用分布式方式部署的小型数据中心，在 Cloudlet 开始配置之前，移动设备需要发现周围可供连接的 Cloudlet，并根据某些原则（例如地理临近或网络状况）选择合适的 Cloudlet 进行连接。

VM 主要包括操作系统的一部分及软件库的镜像，而与具体应用相关的数据仅占小部分。Cloudlet 将应用相关的数据从通用部分抽离，形成了 base VM 与 VM overlay。其中，base VM 是 VM 的通用部分，VM overlay 是具体应用相关的数据。在 Cloudlet 中形成的 VM 镜像称为 launch VM，而 VM 合成是将 base VM 与 VM overlay 合成为 launch VM。实际上，VM 合成是采用不同应用程序对应 VM overlay 配置 Cloudlet 的过程。Cloudlet 的快速配置与虚拟机迁移都要使用 VM 合成技术。

图 3-13 给出了 Cloudlet 计算卸载系统。如果移动设备发现并准备启用 Cloudlet，它将向拥有 base VM 的 Cloudlet 发送一个 VM overlay，它由 base VM 与 launch VM 的二进制差值经过压缩编码之后获得。VM overlay 是应用程序中除通用数据部分之外，与用户的具体应用相关的"定制化"数据部分。Cloudlet 基于 base VM 与 VM overlay 合成一个 launch VM，配置虚拟机并向卸载的应用提供服务。在任务执行完毕后，Cloudlet 将执行结果返回给移动设备，并且释放自己的 launch VM。

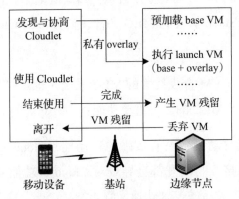

图 3-13　Cloudlet 计算卸载系统

Cloudlet 服务器配备有高性能的 CPU，服务器之间通常采用有线连接，有助于保证系统的可靠性与安全性。Cloudlet 是基于标准的云计算技术开发的，有助于提高系统的可扩展性。Cloudlet 将云平台下沉到靠近用户的接入网，甚至可以直接运行在汽车或飞机上，无论网络距离还是空间距离都更贴近用户，更易于控制网络带宽、延时及抖动等不稳定因素。另外，空间距离近意味着 Cloudlet 与用户处在同一情景下，可根据情景信息为用户提供个性化（如基于位置）服务，有助于提高用户体验质量。

但是，Cloudlet 存在两个主要缺点：一是依赖云服务商提供的 Cloudlet 基础设施；二是 Cloudlet 资源是有限的，当很多用户同时申请服务时，Cloudlet 资源可能会耗尽。针对这些问题，研究人员正在研究动态 Cloudlet 与移动 Cloudlet。

3.4.2　雾计算技术

2011 年，雾计算（Fog Computing，FC）的概念出现。2012 年，Cisco 公司首次给出了雾计算的定义：雾是由虚拟化组件构成的分布在网络边缘的资源池，它能够为大规模传感器网、智能网格等应用场景提供分布式资源，以便存储与处理数据。此后，产业界与学术界给出了雾计算的权威定义：雾计算通过在移动设备与云之间引入中间层来扩展云结构，而中间层是部署在网络边缘的雾服务器组成的"雾层"。雾计算避免了用户与云计算中心直接通信，有助于减小主干网的带宽消耗与云端的计算负载。同时，雾服务器可以与云计算中心互连，并使用云计算中心强大的计算能力。

理解雾计算定义的内涵时，需要注意以下几点：

第一，雾计算的名字体现出了它的特点。与云计算相比，雾计算更贴近移动用户与设备。与边缘计算的不同在于：雾计算强调在云与数据源之间构成连续统一体（cloud-to-things continuum），为用户提供计算、存储与网络服务，使网络成为数据处理的"流水线"，而不仅是"数据管道"。网络边缘与核心网络中的组件都是雾计算的基础设施。

第二，雾计算将应用程序、数据及处理集中在网络边缘的设备，数据存储及处理更依赖本地设备而不是服务器。这些设备可以是已有的传统网络设备（如路由器、交换机、网关等），也可以是专门部署的服务器。雾计算使分布在不同地理位置、数量庞大的雾节点构成雾网络，从而弥补单个设备的资源与功能不足。由于多种网络设备、服务器集成在雾网络中，必然会带来系统内部节点之间以及它们与移动设备之间信息交互的异构性问题。

第三，"雾"不是作为"云"的替代者而出现。"雾"是"云"概念的延伸，与"云"具有相辅相成的关系。在物联网应用系统中，"雾"可以过滤、聚合用户数据；

匿名处理用户数据，保证隐私；初步处理数据，做出实时决策；提供临时存储，提升用户体验。云可以负责计算量大或长期任务（如数据挖掘、状态预测、整体决策等），从而弥补单一雾节点在计算资源上的不足。因此，"雾"可以理解为位于网络边缘的小型"云"。

第四，利用雾计算技术，物联网应用系统将简单的数据分类任务交给物联网终端，将复杂的上下文推理任务分配给边缘网关设备，将需要更大计算能力的数据挖掘任务交给云计算中心。雾计算在嵌入式终端、分布式系统与智能技术的基础上，在功能强大的云数据中心与网络边缘的雾设备之间实现任务的按需分配，不仅体现在雾设备之间的优化方面，而且为雾设备与其他网络设备的协同提供了"端 – 端"方案。

2015 年 11 月，Cisco、ARM、Intel、Microsoft、CMU 等公司和研究机构成立了开放雾联盟（Open Fog Consortium，OFC），通过开发开放式架构、分布式计算、联网与存储等核心技术，推动雾计算加快投入实际应用的步伐。2017 年 2 月，开放雾联盟发布了 Open Fog 参考架构，它是一个基于开放性的边缘计算技术架构，致力于支持云计算、5G、人工智能与物联网结合的数据密集型应用需求。Open Fog 参考架构已经被学术界与产业界采纳，它标志着雾计算向标准化迈出了重要的一步。

Open Fog 参考架构定义了 8 个技术属性：安全性、可伸缩性、开放性、自主性、可编程性、敏捷性、层次性与 RAS（可靠性、可用性与适用性）。根据这些属性可以判断一个节点是否符合"Open Fog"的定义。图 3-14 给出了雾计算节点的功能结构。在实际的物联网应用系统中，很多类型的传感器、控制器与执行器不支持直接与雾节点连接，因此需要在雾节点与低层设备之间设置一个协议抽象层，以向高层屏蔽这些嵌入式设备的差异性，并通过协议变换在逻辑上实现它们与雾节点的互联。

在雾节点功能结构的基础上，Open Fog 参考架构给出了雾计算应用架构，它由设备层、雾层、云层 3 个层次构成。其中，设备层负责终端设备与雾节点之间的数据交互，由数据采集、命令执行、注册等模块构成。雾层又进一步分为 2 个子层：雾 – 设备子层与雾 – 云子层。雾 – 设备子层负责设备控制与协议解释，由资源管理、临时存储、身份认证、协议解释 / 转换、预处理等模块构成。雾 – 云子层负责雾与云之间的数据交互，由加密／解密、压缩／解压等模块构成。云层负责实现云计算中心的基本功能，由永久存储、全局决策、数据分析、加密／解密、压缩／解压等模块构成。

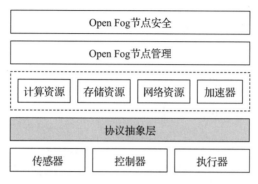

图 3-14　雾计算节点的功能结构

3.4.3　MEC 与 Cloudlet、雾计算的对比

5G 网络的应用需要获得云计算的支持，云计算技术在边缘计算中的应用有助于满足网络带宽、延时等方面的应用需求。2016 年 4 月，ETSI 发布了 MEC 参考架构白皮书。由于 MEC 技术与标准是由电信产业界制定的，因此 MEC 的基本概念、参考架构与 5G 系统规范、基于服务的架构，以及电信网 SDN/NFV 改造的规范保持一致。

MEC 具有以下 3 个特点：

- MEC 在靠近用户的基站处部署 MEC 服务器。
- MEC 以 IaaS 方式管理虚拟资源池中共享的虚拟资源。
- MEC 基本框架将功能划分为网络层、主机层与系统层。

物联网应用推动了移动边缘计算技术的发展，它也是推动 5G 网络应用发展的重要因素。边缘计算模式适合执行轻量级的计算任务，典型的实现方式有 Cloudlet 与雾计算。

Cloudlet 具有以下 3 个特点：

- Cloudlet 是资源丰富并且可信的主机集群。

- Cloudlet 基于虚拟机技术为用户设备提供服务。
- Cloudlet 与用户设备通常仅有"一跳"的网络距离。

雾计算也有如下 3 个特点:

- 雾节点数量大、类型多、分布广泛。
- 雾节点更接近物联网的感知与执行设备。
- 雾节点部署在用户设备到中心云的传输路径上。

表 3-3 对比了 MEC、Cloudlet 与雾计算。

表 3-3　MEC 与 Cloudlet、雾计算的对比

技术类型	部署位置	应用场景	边缘应用感知	移动性
MEC	位于终端与云数据中心之间,可以与基站、AP、流量汇聚点或网关集成	针对物联网的实时性应用	支持无线接入网(如可用带宽)的感知	仅支持终端在不同边缘节点的移动性管理
Cloudlet	位于终端与云数据中心之间,可以与基站、AP、流量汇聚点或网关集成,或者直接运行在汽车、飞机上	针对移动互联网或物联网的移动性增强应用	本身不支持,但支持该功能作为独立模块在 Cloudlet 上扩展	仅支持虚拟机镜像在不同边缘节点的切换
雾计算	位于终端与云数据中心之间,可以与基站、AP、流量汇聚点或网关集成	针对物联网的分布式计算与存储应用	支持边缘应用感知	完全支持雾节点之间的分布式应用之间的通信

3.5　5G 网络中的 MEC 部署

3.5.1　MEC 部署的逻辑结构

从整体的逻辑架构来看,5G 网络由 3 个功能平面构成:接入面、控制面与转发面。其中,接入面引入多站点协作、多连接机制与多制式融合技术,构建了更加灵活的接入网拓扑;控制面基于可重构的集中式网络控制功能,提供按需的接入、移动性与会话管理,支持精细化的资源管理与全面的能力开放;转发面提供分布式数据转发与处理功能,支持动态锚点设置,并提供更丰富的业务链处理能力。控制面以逻辑集中方式来实现统一控制与集中部署。5G 网络采用模块化功能设计模式,通过"功能

组件"的组合来构建专用逻辑网，以便有针对性地满足不同应用场景的具体需求。

图 3-15 给出了 3GPP 制定的 5G 网络逻辑架构。控制面的两个关键节点是接入管理功能（AMF）与会话管理功能（SMF）。其中，AMF 负责提供接入管理功能，并支持用户终端的移动性；SMF 负责提供会话管理功能，支持为多用户配置会话。控制面还包括其他功能节点，例如统一数据管理（UDM）、认证服务器功能（AUSF）、策略控制功能（PCF），分别提供用户数据管理、身份认证、访问策略控制等功能。控制面还包括 2 个平台支持功能节点：网络开放功能（NEF）与网元存储功能（NRF）。其中，NEF 负责对外提供 5G 网络核心数据，NRF 帮助其他节点发现网络服务。

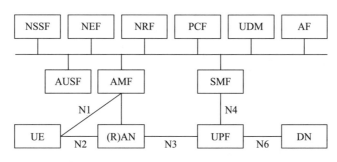

图 3-15　3GPP 制定的 5G 网络逻辑架构

5G 核心网转发面的关键节点是用户面功能（UPF），主要负责为业务数据提供路由选择与转发能力。UPF 代表控制与用户面分离（CUPS）策略在转发面的演进。CUPS 使分组网关（PGW）的控制功能与用户面功能解耦，从而使数据转发组件（PGW-U）可以分散化。这样，在靠近网络边缘的位置就能够执行数据处理与流量聚合操作，在减轻核心网负担的同时还有助于提高带宽利用率。

在 UPF 相关的 4 个标准接口中，N3 接口是 UPF 与 RAN（或 AN）之间的接口，使用 GTP-U 协议进行用户数据的隧道传输。N4 接口是 UPF 与 SMF 之间的接口，控制面使用 PFCP 协议传输节点消息与会话消息，用户面使用 GTP-U 传输 SMF 通过 UPF 转发的数据。N6 接口是 UPF 与外部的数据网（DN）之间的接口，在特定场景下（如企业专用 MEC 访问），N6 接口要求支持专线或 L2/L3 层隧道，可以基于 IP 协议与 DN 通信。N9 接口是不同 UPF 之间的接口，在移动场景下，可在 UE 与 PSA UPF 之间插入 I-UPF 进行流量转发，2 个 UPF 之间使用 GTP-U 传输用户数据。

UPF 可以灵活下沉部署到 5G 网络的各个层次，为低延时、高带宽的业务提供网络接入服务。UPF 与 MEC 平台之间通过 N6 接口对接，通过 UL-CL、LADN 等方案实现业务分流。MEC 平台主要为 MEC 应用提供部署环境，用于发现、通知、消费与提供 MEC 服务，并可托管各种网络能力与业务能力。MEC 应用运行在 NFVI 提供的虚拟机或容器中，与 MEC 平台之间交互以便对外提供 MEC 服务。图 3-16 给出了 5G 网络中部署 MEC 的逻辑架构。MEC 设备通常位于核心网与接入网的融合部分。

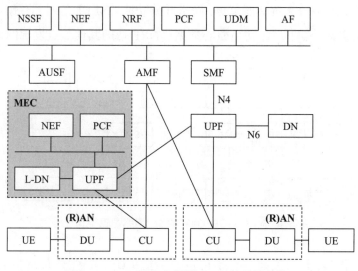

图 3-16　5G 网络中部署 MEC 的逻辑架构

5G 核心网会选择靠近用户设备的 UPF，通过 N6 接口执行 UPF 到本地数据网 L-DN 的流量卸载。用户请求通过 UPF 到达 MEC 之后，在 PCF 的管控下，MEC 为用户提供计算、存储与网络服务。MEC 在 5G 网络中的部署方式很灵活，根据电信运营商的部署策略及用户的需求，既可以选择集中式 MEC 部署，将 MEC 设备与 UPF 紧密耦合，提供增强型网关功能；又可以采用分布式方式部署在不同位置，通过集中调度实现服务能力。这种资源分层部署可以使网络管理更灵活与开放。

3.5.2　MEC 部署的位置

通过业务本地化、缓存加速、灵活路由等技术，5G 网络可以实现业务的近距离部署及访问、用户面灵活高效地以分布式方式按需部署，为用户提供低延时、高带宽的网络传输能力。从未来的 5G 网络基础设施平台设计的角度，主要采用通用分级架构的数据中心（DC）模式。为了满足各类移动互联网、物联网应用的边缘计算需求，面向 MEC 的数据中心分为多个级别，包括基站级、接入级、边缘级、汇聚级与中心级，它们分别覆盖基站、区县、城市到省级的应用范围。图 3-17 给出了 5G 网络中的分级 DC 结构，并描述了各级 DC 的基本功能与应用场景。

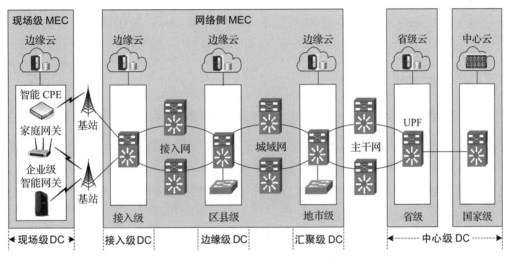

图 3-17　5G 网络中的分级 DC 结构

1. 基站级 DC

基站级 DC 通常被称为现场级 DC，它将 MEC 功能部署在移动通信网的接入点上。基站级节点包括 2 种类型：一类节点是移动通信网的基站，例如 MEC 设备与微基站一起安装在机房中；另一类节点位于用户属地，多数情况下没有机房环境，其典型的设备形态是智能网关设备。例如，客户前置设备（Customer Premise Equipment，CPE）是一种实现 4G/5G 与 Wi-Fi 之间数据转换的智能网关设备。CPE 到基站的传输距离为 1～5km，有助于增加接入移动通信网的用户终端数量。

2. 接入级 DC

接入级 DC 通常对应于区县级 DC，它是本地 DC 的一部分，主要承担无线接入网的功能，包括 5G 接入网的中心单元（Core Unit，CU）、4G 虚拟化基带单元（BBU）池、固定电话网的光端口（OLT）、MEC 设备等。其中，CU 可以与分布式单元（Distribute Unit，DU）合并，直接以一体化基站的形式出现。针对超低延时的业务需求，可以将 MEC 功能部署在 CU 甚至 CU/DU 一体化基站上。

3. 边缘级 DC

边缘级 DC 通常对应于地市级 DC，它也是本地 DC 的一部分，主要承担数据面网关的基本功能，包括 5G 的用户面 UPF、4G 的 vEPC 下沉 PGW 用户面（PGW-D）、固定电话网的 vBRAS 等。为了提升宽带用户的体验质量，对于固定电话网的部分 CDN 资源，也可以考虑部署在本地 DC 的业务云中。

4. 汇聚级 DC

汇聚级 DC 通常对应于省级 DC，主要承担 5G 网络的控制面功能，例如接入管理、移动性管理、会话管理、策略控制等。对于一些原有的网络基础设施，例如 4G 网络的虚拟化核心网、固定电话网的 IPTV 业务平台、能力开放平台等，它们可以共同部署在省级 DC。另外，考虑到 CDN 下沉与省级公司特有的业务需求，这些省级业务云也可以同时部署在省级 DC。

5. 中心级 DC

中心级 DC 主要包含 IT 系统与业务云。其中，IT 系统的核心功能是控制、管理与调度，例如网络功能编排、数据中心互联、商务运营支持等，实现 5G 网络的整体监控与维护。另外，对于运营商自有的云业务、增值服务、CDN、集团类服务等，这些中心级业务云可以部署在中心级 DC。

通过以上讨论可以看出，5G/MEC 部署策略的核心思想是构建灵活、通用、支持各种网络服务的技术与系统，打造面向全连接、全覆盖的计算平台，为各行各业就近提供现场级、智能连接、有计算能力的网络基础设施。

3.5.3　MEC 整体部署策略

根据 3GPP 对 5G 接入场景及需求的研究，eMBB 场景下空口的单向延时要求为 4ms，相对于 4G LTE 空口的 5ms 单向延时，性能提升方面的需求并不是很严苛。但是，uRLLC 场景下空口的单向延时要求为 0.5ms，相对于 4G LTE 空口的 5ms 单向延时，性能提升方面的需求就非常严苛了。因此，5G 网络针对 eMBB 场景与 uRLLC 场景，分别提出了 10ms 与 1ms 的端到端极低延时要求。图 3-18 给出了 5G 网络拓扑及传输延时。其中，用户至用户面功能网元（UPF）的传输延时为 6.5～20ms，UPF 至业务部署位置的延时由传输距离决定，这部分延时的变化范围较大（约 30ms）。

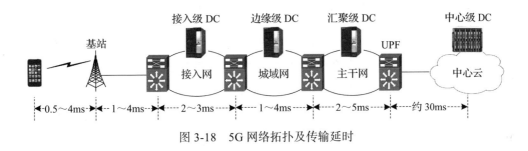

图 3-18　5G 网络拓扑及传输延时

根据网络传输链路的典型延时估算，对于 eMBB 场景的 10ms 延时要求，MEC 的部署位置不应高于地市级。考虑到 5G 网络 UPF 可能下沉至地市级，而控制面功能仍然位于省级，这时 MEC 可以与下沉的 UPF 合并设置。但是，对于 uRLLC 场景的 1ms 极低延时要求，空口传输已经消耗了 0.5ms，这时没有给回传留下任何时间。因此，对于 uRLLC 场景来说，只有将 MEC 功能直接部署在 5G 接入网的 CU 或 CU/DU 一体化基站上，将传统的多跳网络转化为一跳网络，才能完全消除传输引入的延时。

基于 MEC 的网络信息感知与开放可实现网络与业务的深度融合，以及移动网络、固定网络等多个网络资源的高效使用与管理。当 MEC 应用在企业网、校园网等实际场景时，考虑到特定业务提供服务的覆盖范围大小，以及应用数据本地化需求（出于数据安全性），MEC 可部署在覆盖范围内的基站汇聚点，以汇聚网关的形式提供服务。因此，MEC 在 5G 网络的部署策略是根据延时、覆盖范围等需求，同时结合网络基础设施的 DC 化改造趋势，将所需的 MEC 应用部署在相应层级的数据中心。

3.6　MEC 开源平台与软件

3.6.1　MEC 开源平台概述

MEC 系统是一个典型的分布式系统，在实现中需要整合为一个计算平台。网络边缘的计算、存储与网络资源不仅多而且分散，如何有效组织与统一管理这些资源，是 MEC 平台需要解决的重点问题。在基于 MEC 的应用场景（特别是物联网）中，对于传感器节点之类的数据源，其硬件、软件与通信协议具有多样性的特点，如何方便地从数据源采集数据是需要考虑的问题。另外，在边缘计算资源并不丰富的条件下，如何高效地完成数据处理任务也是需要解决的问题。

近年来，MEC 已经引起了各类技术供应商的关注。物联网平台提供商拥有物联网硬件相关的 MEC 方案，小型创业公司创建专门的 MEC 方案，甚至开源基金会也看到了 MEC 的潜在机遇。物联网平台提供商致力于提供一体化的整体解决方案（包括设备、边缘与云），使客户能够轻松地构建、部署和管理与其云平台连接的物联网设备。不同供应商与开源社区之间的关系不同。有些供应商希望提供完整的 MEC 解决方案，有些供应商与开源社区展开了广泛与深入的合作。

各大互联网企业陆续推出了各自的 MEC 方案。Amazon 公司推出了 AWS IoT Greengrass 方案，允许接入设备通过 AWS Lambda 服务来执行机器学习、数据同步，以及实现与 AWS IoT Core 的连接。Microsoft 公司推出了 IoT Edge 方案，允许接入设备运行其 Azure 服务。另外，Microsoft 在 GitHub 上创建了 IoT Edge 的开源项目，希望将 IoT Edge 移植到其他硬件平台上，但它与 Azure IoT Hub 云平台仍密不可分。Google 公司发布了 Cloud IoT Edge 方案，将精力集中在为边缘计算提供 AI 能力。

有些物联网平台提供商已经开始开发自己的 MEC 产品，例如 Litmus Automation、Bosch IoT Suite、Software AG Cumulocity 等，它们提供与各自物联网平台相关的 MEC 方案。很多风险投资支持下的创业公司致力于提供 MEC 方案。Foghorn、Swim 等公司关注基于 MEC 的机器学习与分析，而 Zededa、Edgeworx 等公司致力于将虚拟化与容器技术引入边缘设备中。这些公司通常是与主流的物联网平台、边缘云提供商合作，并且将各自的 MEC 方案接入不同的物联网平台。

各个开源基金会也在积极开展 MEC 的相关研究。由于开源基金会不会依赖于任何提供商，因此不同公司与个人可以协作开发、创建 MEC 技术。对于那些担心过分依赖某个供应商的用户来说，这些新兴的 MEC 开源社区提供了另一种选择。多数的物联网平台、云计算或边缘计算提供商并没有参与构建边缘技术的协作开源社区。

有些公司在某个开源社区创立自己的开源项目，但是很多公司的重点放在开发服务特定提供商的商业解决方案，只是这些解决方案通常采用开源技术来构建。

2019 年，Linux 基金会（LF）发布了 LF Edge 社区，旨在建立一个独立于硬件、芯片、云或操作系统的 MEC 框架。LF Edge 社区主要包括 5 个开源项目：EdgeX Foundry、Akraino EdgeStack、Open Glossary of Edge Computing、Samsung Home Edge 与 Zededa EVE。同期，OpenStack 基金会也在向 MEC 领域发力。基于 Wind River 代码的 StarlingX 项目集成了不同开源项目，主要包括 CentOS、OvS-DPDK、Ceph、Kubernetes 与 OpenStack，其目的是在边缘设备上运行云服务。

Eclipse 基金会是一个成熟的网络开源社区，它拥有多个物联网相关的开源项目，其中有些项目涉及 MEC 技术。例如，Eclipse Kura 项目旨在构建 IoT 网关的框架，Eclipse ioFog 项目旨在构建雾计算的框架，Eclipse SmartHome 项目旨在构建智能家居的框架。另外，GitHub 是一个面向开源或私有项目的软件托管平台。2018 年 1 月，百度公司在 GitHub 上发布 OpenEdge 项目，它集成了百度自己的物联网云平台。2018 年 9 月，华为公司在 GitHub 上发布 KubeEdge 项目，它将 Kubernetes 扩展到边缘计算领域。

由于面向的用户类型或应用领域不同，MEC 平台的系统架构及功能有较大差异。但是，不同的 MEC 平台也具有一些共性特点。图 3-19 给出了 MEC 平台的通用功能架构。在这个通用性的功能框架中，资源管理模块用于管理网络边缘的计算、存储与网络资源；设备接入模块用于管理在网络边缘接入的各种边缘设备；数据采集模块用于管理通过边缘设备获取的各类数据；安全管理模块用于保障边缘设备自身及采集数据的安全；平台管理模块用于管理边缘设备与监控 MEC 应用的运行状态。

不同 MEC 平台的区别主要表现在以下几个方面：

- 设计目标对 MEC 平台的整体架构及功能设计有关键的影响。
- 根据 MEC 平台面向的用户类型不同，有些平台被提供给网络运营商以部署边缘云服务，而另一些平台则没有这方面的限制。
- 面向不同应用领域的 MEC 平台具有不同特点，而这些特点为不同边缘应用的开发与部署提供了便利。

- MEC 平台的常见应用领域包括智能工业、智能交通、智能安防等，以及 VR/AR、边缘视频处理、无人车 / 无人机等延时敏感的应用场景。

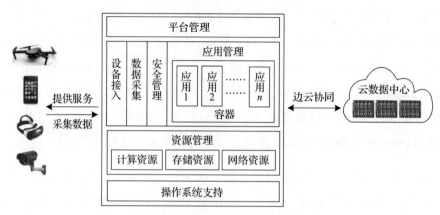

图 3-19   MEC 平台的通用功能框架

根据平台的设计目标与部署方式不同，MEC 开源平台可以分为 3 类：面向设备侧的开源平台、面向边缘云的开源平台与"边 – 云"协同的开源平台。

3.6.2   面向设备侧的开源平台

面向设备侧的 MEC 开源平台主要是针对物联网应用场景，致力于解决在开发、部署物联网应用过程中遇到的问题，例如设备接入方式多样性的问题。这类 MEC 平台通常部署在网关、路由器等边缘设备处，为物联网应用系统的 MEC 服务提供支持。典型的面向设备侧的 MEC 开源平台主要包括：EdgeX Foundry、ioFog、Fledge、Apache Edgent、Eclipse Kura、Home Edge 等。下面我们以 EdgeX Foundry 为例介绍这类平台。

EdgeX Foundry 是一个由 Linux 基金会主持的开源项目，致力于为物联网提供通用的开放式 MEC 框架结构。该框架可以部署在边缘节点（包括网关、路由器、边缘服务器），它独立于设备硬件、通信协议和操作系统，实现了即插即用的物联网组件，解决了异构设备与应用程序之间的互操作问题，提供数据分析与编排、系统管理、安全性等服务，有效推动了物联网解决方案的部署。

EdgeX Foundry 可看作一系列松耦合、开源的微服务集合。这种架构允许开发者将应用程序划分为多个独立的服务，每个服务运行在独立的应用进程中，服务之间采用轻量级通信机制（如 RESTful API）进行交互。所有微服务被部署成彼此隔离的轻量级容器，支持动态地增加或减少功能，提供了良好的可扩展性与可维护性。

图 3-20 给出了 EdgeX Foundry 框架结构。框架下方的"南向设备与传感器"是数据源，包括所有物联网对象（终端设备、传感器），以及与这些对象通信并收集数据的行为。框架上方的"北向基础设施与应用"是数据处理方，包括对南向传来的数据进行存储、汇聚、分析并转换为有用信息的云，以及与云通信的网络部分。EdgeX 主要由 2 个部分构成：定义业务逻辑的 4 个水平层（设备服务层、核心服务层、支持服务层与导出服务层），提供安全与管理功能的 2 个垂直层（系统管理层与安全服务层）。

图 3-20　EdgeX Foundry 框架结构

设备服务层对来自终端设备与传感器的原始数据进行转换并交给核心服务层，以及对来自核心服务层的命令进行解析。EdgeX 支持多种用于接入的协议，包括 RESTful API（REST）、低功耗蓝牙协议（BLE）、低功耗个人区域网（ZigBee）、OPC

统一框架（OPC-UA）、消息队列传输协议（MQTT）等。核心服务层是设备服务层与支持服务层之间沟通的桥梁。核心服务层主要提供 4 种微服务：注册与配置服务提供用户服务的注册与发现能力；核心数据服务提供南向设备数据的收集与存储能力；元数据服务用于描述设备自身的能力；命令服务用于向南向设备发送控制指令。

支持服务层负责提供边缘分析与智能服务。支持服务层主要提供以下 4 种微服务：规则引擎允许用户设定一些规则及阈值，在数据达到阈值时触发特定操作；报警与通知服务用于在紧急情况或服务故障时，以 RESTful、即时消息、邮件等方式发通知；调度服务用于设置计时器或定期清除旧数据；日志微服务用于记录 EdgeX 的运行状态。导出服务层负责将数据传输到北向的云计算中心，主要包括注册、分发等微服务组件。注册服务使某个特定的云端或本地应用可注册为核心数据模块中的数据接收者；分发服务将相应的数据从核心服务层导出到指定的客户端。

3.6.3　面向边缘云的开源平台

面向边缘云的 MEC 开源平台致力于优化或重建网络边缘的基础设施，在网络边缘构建数据中心并提供类似于云计算中心的服务。网络运营商是这类 MEC 服务的主要推动者。面向边缘云的 MEC 开源平台主要包括：Akraino EdgeStack、StarlingX、CORD、OpenYurt 等。下面我们以 Akraino EdgeStack 为例介绍这类平台。

Akraino EdgeStack 是 Linux 基金会于 2018 年 2 月创建的一个开源软件栈，支持针对 MEC 系统与应用程序优化的高可用云服务。EdgeStack 项目的成员包括 ARM、AT&T、EMC、Intel、Nokia、Redhat、高通、华为等几十家公司。EdgeStack 旨在改善企业边缘、OTT 边缘与运营商边缘的边缘云基础架构，以便快速扩展边缘云服务，最大限度地提高边缘支持的应用与功能，并提高 MEC 系统的可靠性。2018 年 8 月，Linux 基金会发布了 EdgeStack 1.0 版，这标志着该项目正式进入实用阶段。

Akraino EdgeStack 代码基于 AT&T 的 Network Cloud 开发，它是在虚拟机与容器中运行的运营商级边缘应用程序。Linux 基金会用该代码构成 EdgeStack 项目，并向 Linux 社区开放与提供。EdgeStack 方案为网络边缘或远程边缘的电信相关应用创建集成堆栈，并且能够将服务延时控制在 5～20ms，而企业与工业物联网堆栈的延时低于 5ms。EdgeStack 将广泛支持电信网、企业和工业物联网的 MEC 应用，其中包含针对已定义用例与经过验证的硬件、软件配置等。

图 3-21 给出了 Akraino EdgeStack 框架的结构。大多数开源项目仅提供 MEC 所需的组件，而 EdgeStack 提供了一个涵盖基础设施、中间件及边缘应用的完整方案。EdgeStack 项目可分为 3 层：应用层、中间件层与集成栈层。其中，应用层位于顶层，负责部署边缘应用并创建 APP/VNF 的边缘生态系统；中间件层位于中间，包含支持顶层应用的中间件，并通过开发统一 API 的方式实现与第三方开源项目之间的交互；集成栈层是底层，负责对接其他 MEC 开源项目，例如 OpenStack、Kubernetes 等。

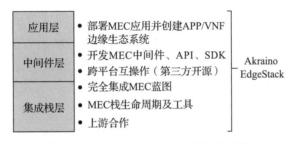

图 3-21　Akraino EdgeStack 框架的结构

虽然 OpenStack 与 Kubernetes 可用作底层 EdgeStack 技术，但是没有软件可用于大规模部署与管理这些软件栈的生命周期。在边缘位置可能存在上万个软件栈，而且这些栈可能在移动通信网基站上托管，在高速公路侧或在客户机房中部署，EdgeStack 的手动编排功能无法满足要求，这些都需要进行边缘与自动化管理。除了上述两种技术之外，EdgeStack 项目还涉及众多其他项目和软件，包括 Airship、Calico、CI/CD、Ceph、CNI、Gerrit、Jenkins、JIRA、ONAP、SR-IOV 等。

EdgeStack 项目是以蓝图作为系统架构，通过蓝图实现基于 MEC 的多样化用例。每个蓝图包含上述 3 层的声明性配置（应用、API 与边缘云平台）。交付点（PoD）是将 EdgeStack 部署到边缘节点的方法，详细描述了自动部署流程与脚本，涉及 CI/CD、集成及测试工具等。在理想情况下，每个蓝图可以实现边缘基础架构自动构建、边缘节点自动部署、上下游项目集成与自动编排等，这意味着 EdgeStack 通过零接触配置、生命周期管理及自动扩缩，可以支持部署大规模、低成本的边缘应用。

3.6.4 "边–云"协同的 MEC 开源平台

"边–云"协同的 MEC 开源平台基于云–边融合的设计思想,致力于将云计算服务能力扩展至网络边缘。云计算服务提供商是这类 MEC 服务的主要推动者。"边–云"协同的 MEC 开源平台主要包括:KubeEdge、EdgeGallery、Azure IoT Edge、Baetyl、SuperEdge、LinkIoT Edge 等。下面,我们以 KubeEdge 为例介绍这类平台。

KubeEdge 是华为公司推出的一种云与边缘设备结合的物联网解决方案。2019 年 3 月,KubeEdge 通过 CNCF 基金会进行开源成为沙箱级项目。2020 年 9 月,KubeEdge 进一步成为 CNCF 的孵化级项目,标志着该项目已进入大规模生产落地期。2020 年 12 月,KubeEdge 社区已吸引来自全球的数万名开发者,合作伙伴包括 ARM、法国电信、三星电子、中国移动、中国联通、中国电信、华为云等企业。

KubeEdge 构建在 Kubernetes 之上,依托 Kubernetes 的容器编排与调度能力,实现云边协同、计算下沉及海量设备接入。图 3-22 给出了 KubeEdge 框架的结构。KubeEdge 框架包含 3 层:云端、边缘端与设备端。其中,云端不负责应用的调度与管理,仅将需调度到边缘的应用下发到边缘节点;边缘端负责运行边缘应用与管理接入设备;设备端负责运行各种边缘设备,例如传感器节点、工业控制设备、智能机器人等。因此,KubeEdge 完整打通了边缘计算中的云、边、端协同的场景。

云端的核心组件是 CloudCore,它主要包括 3 个模块:

- EdgeController:它是扩展的 Kubernetes 控制器,负责管理边缘节点与交付点(Pod)的元数据,确保数据传递到指定的边缘节点。
- DeviceController:它是扩展的 Kubernetes 控制器,负责管理边缘设备,确保设备信息、设备状态的云边同步。
- CloudHub:它是 WebSocket 服务器,负责监视云端的变化,缓存消息并向 EdgeHub 转发。

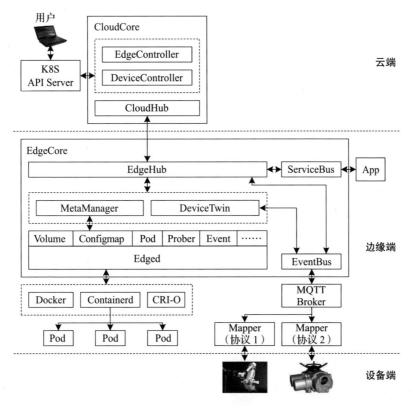

图 3-22　KubeEdge 框架的结构

边缘端的核心组件是 EdgeCore，它主要包括 6 个模块：

- EdgeHub：它是 WebSocket 客户端，负责与边缘计算的云服务（通过 CloudHub 与 Edge Controller）交互，提供同步云端资源、报告边缘主机与设备状态等功能。

- Edged：它是运行在边缘节点的代理，实际上是一个精简的运行时，用于管理容器化的应用程序，并支持 Kubernetes 的 API 原语（例如 Pod、Volume、Configmap 等）。

- EventBus：它是 MQTT 客户端，与 MQTT 服务器（Mosquitto）交互，为其他组件提供订阅与发布功能。

- ServiceBus：它是运行在边缘的 HTTP 客户端，接受来自云的服务请求，与运行在边缘的 HTTP 服务器交互，提供云服务访问边缘 HTTP 服务器的能力。

- DeviceTwin：它是边缘设备的孪生体，负责存储设备状态并同步到云，以及为应用程序提供查询接口。
- MetaManager：它是位于 Edged 与 EdgeHub 之间的消息处理器，负责实现对轻量级数据库（SQLite）的元数据存储、检索等操作。

KubeEdge 利用 MQTT Broker 将设备状态同步到边缘节点，然后上传到云端。支持 MQTT 协议的设备可以直接接入 KubeEdge，而采用专有协议的设备需通过协议转换器（Mapper）接入。针对工业物联网的应用场景，KubeEdge 通过 DeviceAPI 访问支持 BLE、Modbus、OPC-UA 等协议的工业控制设备。

3.7 本章总结

1）边缘计算技术发展经历了从云计算到移动云计算，从边缘计算到移动边缘计算以及多接入边缘计算的过程。

2）移动边缘计算（MEC）是一种新的网络计算模式，在邻近用户的移动终端的无线接入网中提供计算与存储能力，以减小延时、提高网络效率，满足实时性应用需求，优化与改善用户体验。

3）MEC 系统由移动终端、边缘云与中心云构成，形成了"端 - 边 - 云"的三级结构。MEC 实现主要包括 MEC、Cloudlet、雾计算等。

4）ETSI 在 MEC 标准化方面做出了巨大贡献，定义了基于网络功能虚拟化（NFV）的 MEC 框架及参考架构。

5）移动互联网与物联网应用的实时性需求推动了边缘计算技术发展，促成了 5G 网络与移动边缘计算相互融合的模式。

6）根据设计目标与部署方式的不同，MEC 开源平台可分为 3 类：面向设备侧的 MEC 开源平台、面向边缘云的 MEC 开源平台与"边 - 云"协同的 MEC 开源平台。

第 4 章

基于 MEC 的 AIoT 应用开发

随着 AIoT 技术的发展及其在各行业的广泛应用，MEC 作为支撑技术与 AIoT 的结合日趋紧密。本章将在 EdgeGallery 开源平台的基础上，以智能安防应用为例，系统地分析 AIoT 应用系统基本设计与实现方法。

本章学习要点：

- 了解 EdgeGallery 平台的基本概念。
- 了解 EdgeGallery 涉及的相关技术。
- 掌握基于 EdgeGallery 的 AIoT 应用设计方法并进行实践。

4.1 EdgeGallery 的概念

4.1.1 边缘原生的概念

MEC 具有明显的电信网络与云计算技术融合的特征。ETSI、3GPP 等组织都定义了 MEC 的技术架构及其功能，以及 MEC 在 5G 网络结构中的地位。MEC 是当前运营商 5G 网络中的常见边缘节点。从网络架构来看，MEC 通常包括 5G 用户面功能（UPF）、边缘应用平台（MEP）、行业边缘应用，以及虚拟化基础设施等。MEC 通常是作为一体化设备部署在 5G 网络边缘，在靠近用户的位置提供良好的网络接入与计算能力，这有助于提升 5G 用户对各类边缘应用的体验效果。近年来，我国三大运营商已开展超过 100 个 5G 商用试点项目，涉及智慧工厂、智慧交通、智慧医疗等行业场景。

在上述项目的实际落地应用过程中，也暴露出 MEC 开发及部署方面的一些问题。MEC 可以较好地满足特定场景的应用需求。但是，不同场景对 MEC 的部署平台、业务形态要求差异大，这就造成了 MEC 无法兼顾多个应用需求的问题。由于 MEC 平台及其承载的应用通常需要很强的数据分析能力，特别是基于 AI 的智能化数据分析能力，因此 MEC 迫切需要在软件、硬件等方面全面提升 AI 能力。另外，行业应用通常对实时性、可靠性、安全性的要求较高，MEC 需要解决运营商网络与行业应用之间的高效协同，以及系统隔离、数据安全、隐私保护等方面的问题。

在基于 MEC 的边缘应用开发方面，开发者通常需要考虑以下几个问题：一是结合应用场景选择合适的服务框架（例如微服务）；二是确定应用对外提供的能力及交互接口（例如 RESTful）；三是使用自动化管理工具（Orchestator）进行应用管理；四是保证应用能够适配 x86、ARM 等硬件平台，以及能够使用 Kubernetes、OpenStack 等 IaaS 平台；五是应用需要获得端到端的 DevSecOps 工具链的支持。在完成应用的开发之后，还需要通过一系列认证、兼容性测试，应用才能够进入应用仓库并投入使用。因此，MEC 应用的开发过程烦琐、对开发者要求很高，并且应用的部署与维护也很困难。

为了更好地满足 5G 行业的发展需求，5G 确定性网络产业联盟（5GDNA）、边缘计算产业联盟（ECC）、工业互联网联盟（AII）等组织共同提出了边缘原生（Edge Native）的概念，并且给出了边缘原生的技术架构图（如图 4-1 所示）。对于 5G 网络行业的数字化转型，边缘原生也是 5G 网络的目标架构。边缘原生在边缘云环境中深度利用边缘计算，以便高效地构建、运行与维护延时敏感的边缘应用。实际上，边缘原生是一系列边缘技术的集合，这些技术可能随着产业的变化而改变。

边缘基础设施（EdgeInfra）是边缘原生的底层基础，包括硬件与平台技术。在硬件技术上，EdgeInfra 不仅要考虑如何增强计算能力，支持异构硬件（例如 CPU、

GPU、NP 等），还要更好地支持 5G 网络的大流量转发。在平台技术上，当前越来越多的应用逐渐实现虚拟化与容器化，底层基础设施平台集中到 Kubernetes 相关产品上。但是，Kubernetes 对于 MEC 应用的容器安全性、隔离性等有一些限制，因此需要对基础设施提出更高的需求，包括增强的电信网络支持、虚拟机与容器及混合编排能力。

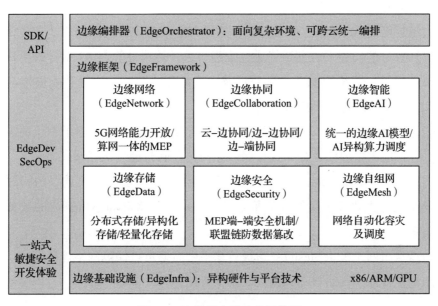

图 4-1　边缘原生的技术架构图

边缘编排器（EdgeOrchestrator）是边缘原生的高层应用，它利用边缘原生提供的 6 大边缘能力，为边缘应用提供面向复杂环境、可跨云的统一编排服务。由于边缘节点具有容量较小、部署环境复杂等特征，需要在边缘提供较强的编排能力，以满足面向行业的业务服务级别定义（SLA）的需求。边缘自治用于解决由于边缘节点在弱网络条件下与中心节点断开而导致的数据不同步、应用难恢复等问题。插件式的多云支持服务能够为不同场景适配相应的基础设施，例如在集群场景下支持 Kubernetes 或 OpenStack，在单机场景下支持 K3S 或 MicroK8S。

边缘原生的技术架构中提供的 6 个边缘能力如下：

● 边缘网络（EdgeNetwork）：边缘计算平台作为连接 5G 网络、应用及用户的桥梁，需要在保障网络连接能力的基础上加强与应用的协同。边缘网络能力主要涉及 2 个方面：5G 网络能力开放和算网一体的边缘计算平台。

- 边缘协同（EdgeCollaboration）：边缘节点既需要与运营商网络增强协同，又需要支持与应用客户端的协同，还需要考虑多个边缘节点之间的协同，例如算力的共享、网络的编排等。边缘协同能力主要涉及 3 个方面：云 – 边协同、边 – 边协同与边 – 端协同。

- 边缘智能（EdgeAI）：无论是基于边缘计算节点进行就近训练，还是将中心节点训练好的模型下载到边缘进行推理，每种边缘计算与 AI 结合的模式都有较多的场景。边缘智能能力主要涉及 2 个方面：统一的边缘智能框架与模型和 AI 异构算力的统一调度能力。

- 边缘存储（EdgeData）：边缘计算的特点对其存储系统提出了相应的需求。边缘存储能力主要涉及分布式存储、异构化存储与轻量化存储。

- 边缘安全（EdgeSecurity）：边缘计算平台的安全性是至关重要的问题。边缘安全能力主要涉及边缘计算平台的端 – 端安全机制和不可篡改的数据保存联盟链。

- 边缘自组网（EdgeMesh）：边缘计算平台需要重点保障网络连接能力。边缘自组网主要涉及网络自动化容灾及调度机制。

4.1.2 EdgeGallery 简介

EdgeGallery 是业界首个 5G 边缘原生的 MEC 开源平台，2020 年 8 月由华为公司正式开源在 Gitee 上。EdgeGallery 由华为公司、中国信通院、中国移动、中国联通、腾讯公司、紫金山实验室、九州云、安恒信息八家创始单位发起，目的是打造一个以"联接 + 计算"为特点的 MEC 公共平台，实现网络能力（特别是 5G）开放的标准化与 MEC 应用开发、测试、迁移和运行等生命周期流程的通用化。EdgeGallery 希望解决电信运营商 MEC 平台因标准不统一而带来的生态碎片化、产业规模受限的问题。

EdgeGallery 的技术愿景是：聚焦面向 5G 网络边缘的应用场景，通过开源协作构建 MEC 边缘资源、应用、安全、管理的基础框架，形成网络开放服务的事实标准，并实现边缘云与公有云之间的互联互通。在兼容边缘基础设施异构化的基础上，EdgeGallery 希望构建统一的边缘计算生态系统。EdgeGallery 的产业愿景是：以促进 5G 边缘生态为重点，按照自愿、公平、透明、开放的原则进行组织，聚集电信运营商、设备生产商、应用开发商、研发机构与产业组织的力量，共筑互利共赢的边缘计算商业生态。

EdgeGallery 在 MEC 场景下致力于达成以下目标：

- 为开发者提供快捷使用 5G 网络的能力，使 5G 能力在边缘触手可及。
- 通过边缘原生的平台架构，使边缘业务可信与可管。
- 通过无码化集成、在线 IDE 工具与统一应用入口等技术，实现开放的边缘生态，使边缘应用能够轻松运行，为企业与社会带来经济价值。

4.1.3　EdgeGallery 的技术架构

面向边缘应用从设计到使用的全部流程，EdgeGallery 提供了应用设计态、应用分发态与应用运行态等部分，以及提供公共服务的支撑平台。图 4-2 给出了 EdgeGallery 的技术架构。其中，应用设计态主要包含应用开发集成平台，负责边缘应用的设计、实现与测试。应用分发态包括应用仓库、MEC 应用编排与管理器，负责将应用从应用仓库分发到对应的边缘节点。应用运行态主要包含 MEC 平台，负责提供应用最终运行时的必要条件，以及各种基于边缘原生的开放能力。

1. 应用开发集成平台

应用开发集成平台是边缘原生中 EdgeFramework 与 EdgeDevSecOps 的主要实现模块，它以门户网站（称为开发者平台）的形式对外开放，其服务器端使用的端口是 30092。开发者平台（Developer）为开发者提供边缘应用开发与集成的入口，包括开发流程、开发工具、开放的 API 能力、测试验证环境等。图 4-3 给出了 EdgeGallery 的开发者平台架构。开发者平台采用前后端分离的开发模式。其中，Developer-fe 是开发者平台的前台，使用 Vue 开发；Developer-be 是开发者平台的后台，使用 Spring Boot、ServiceComb 开发；Developer-db 是开发者平台的数据库，采用的数据库系统是 PostgreSQL。

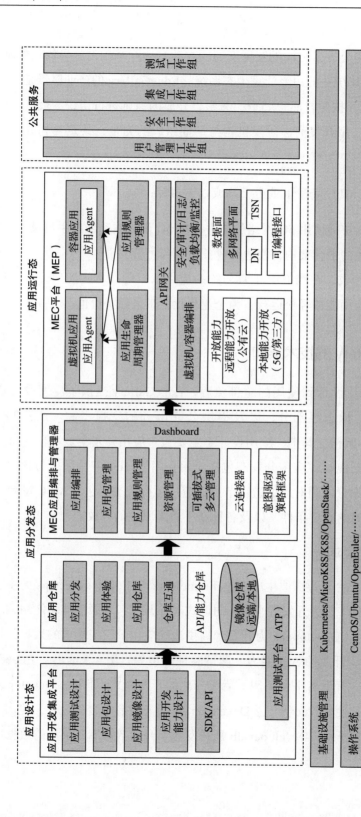

图 4-2　EdgeGallery 的技术架构

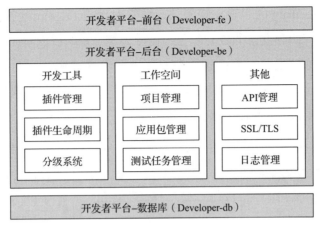

图 4-3   EdgeGallery 的开发者平台架构

2. 应用仓库

应用仓库（AppStore）是边缘原生中 EdgeDevSecOps 与 EdgeSecurity 的主要实现模块，它也是以门户网站（又称为 APP 仓库）的形式对外开放，其服务器端使用的端口是 30091。应用仓库是开发者发布与管理应用的地方，边缘应用只有通过测试后才能够发布到应用仓库并上线。图 4-4 给出了 EdgeGallery 的应用仓库架构。应用仓库采用前后端分离的开发模式。其中，AppStore-fe 是应用仓库的前台，使用 Vue 开发；AppStore-be 是应用仓库的后台，使用 Spring Boot、ServiceComb 开发；AppStore-db 是应用仓库的数据库，采用的数据库系统是 PostgreSQL。

图 4-4   EdgeGallery 的应用仓库架构

3. MEC 管理器

MEC 管理器（MEC Manager，MECM）是边缘原生中 EdgeOrchestrator、EdgeCollaboration 与 EdgeSecurity 的主要实现模块，负责对接由 EdgeInfra 管理的虚拟基础设施。MECM 位于应用分发态的核心部分，负责为整个系统提供全局的资源管理能力，将应用从应用仓库分发到对应的边缘节点，以及管理边缘节点上应用的生命周期。图 4-5 给出了 EdgeGallery 的 MECM 架构。其中，虚线上方的模块运行在中心云上，而虚线下方的模块主要运行在边缘节点上。

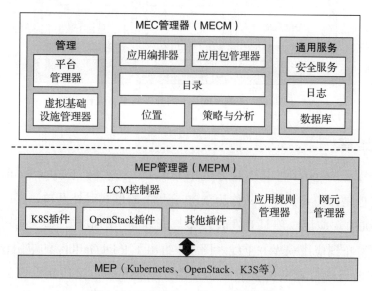

图 4-5   EdgeGallery 的 MECM 架构

在 MECM 中，应用包管理器（APM）负责从应用仓库下载应用包，并将应用包分发和加载到相应的边缘节点；应用编排器（APPO）负责执行边缘应用编排任务，包括管理边缘应用的生命周期与执行 MEC 场景下的特定工作流；目录（Inventory）负责记录与维护已部署的边缘应用列表。

4. MEP 管理器

MEC 平台（MEC Platform，MEP）是 MEC 架构中提供开放能力的平台，它对应于构成边缘节点的某种集群（包括 Kubernetes、OpenStack、K8S 等）。MEP 管理器（MEP Manager，MEPM）是边缘原生中的 EdgeNetwork、EdgeAI、EdgeData、EdgeMesh 与 EdgeSecurity 等的主要实现模块。MEPM 位于应用运行态的核心部分，负责为整个系统提供管理边缘节点上应用的能力。

在 MEPM 中，LCM 控制器（LCM Controller）负责对接虚拟基础设施管理器（VIM），管理虚拟机/容器中边缘应用的生命周期，通过插件机制对接不同 VIM 类型；Kubernetes 插件是 LCM 控制器对接 Kubernetes 的插件，利用 Helm 技术管理 Kubernetes 应用的生命周期；OpenStack 插件是 LCM 控制器对接 OpenStack 的插件，利用 Heat 技术管理 OpenStack 应用的生命周期；应用规则管理器负责向 MEP 下发应用规则及配置信息；网元管理器负责管理构成 MEP 的边缘节点。

5. EdgeGallery 架构与边缘原生

通过分析 EdgeGallery 技术架构的主要模块，有助于理解 EdgeGallery 的架构与边缘原生的对应关系（如图 4-6 所示）。

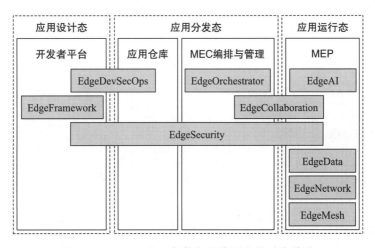

图 4-6　EdgeGallery 架构与边缘原生的对应关系

4.2　EdgeGallery 开发的相关技术

4.2.1　Docker 技术

虚拟化技术是云计算、边缘计算的重要支撑技术，负责为上层应用的计算服务提供虚拟基础设施，统一分配与管理各类资源（包括计算、存储、网络、软件等）。虚拟化技术主要分为两类：完全虚拟化与容器虚拟化。其中，完全虚拟化在底层硬件与虚拟服务器之间建立 Hypervisor 层，以模拟出一个完整的主机硬件及软件系统，包括 CPU、存储器、外部设备和操作系统，这就是通常所说的虚拟机。完全虚拟化的典型方案是 VMware 与 KVM（Kernel-based Virtual Machine）。完全虚拟化技术的优点是兼容为硬件设计的操作系统。但是，虚拟机性能比直接运行在物理平台上有较大下降。

容器虚拟化是实现在操作系统级的虚拟化技术。容器虚拟化模式不依赖 Hypervisor 层，容器与承载它们的主机共享同一操作系统内核，由容器引擎为代表不同容器的进程提供更好的隔离。图 4-7 给出了虚拟机与容器实现的区别。其中，虚拟机包括应用程序、依赖的库与二进制文件及完整的访客操作系统；容器仅包括应用程序及其依赖的库与二进制文件。容器在操作系统的用户空间中作为独立进程运行，与主机上的其他容器共享主机操作系统内核。因此，容器实现比虚拟机需要的资源支持更少。

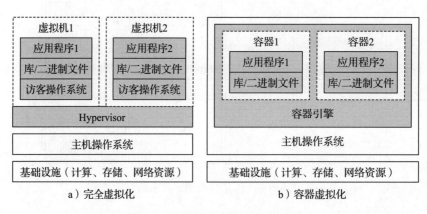

图 4-7   虚拟机与容器实现的区别

Docker 是当前最常用的开源容器引擎平台，具有高性能、高隔离性、高可用性等优点。Docker 的概念主要涉及镜像（Image）与容器（Container）。Docker 镜像是一个特殊的文件系统，除了提供容器运行时所需的程序、库、资源、配置等文件，还包含一些为运行时准备的配置参数（例如匿名卷、环境变量、用户等）。Docker 镜像中不包含任何动态的数据，其内容在构建之后不会改变。Docker 充分利用了 Union FS 技术，将其存储架构设计成分层存储模式。Docker 镜像是由多层文件系统联合组成的，在构建镜像时采用逐层构建方式，后一层文件系统是在前一层的基础上构建的。

镜像与容器的关系类似于面向对象程序设计中的类与实例。Docker 镜像是静态的定义，而 Docker 容器是镜像运行时的实体，容器可以被创建、启动、停止、删除或暂停。Docker 容器利用了 Linux 内核中的资源分离机制（例如 CGroup、NameSpace 等）。Docker 容器实际上是一种进程，但与直接在操作系统上运行的进程不同，容器进程需要运行在属于自己的独立命名空间中。Docker 容器采用来自镜像的多层存储模式，主要包括容器存储层与数据卷。容器存储层的生存周期与容器一样，容器存储层中的数据随着容器被删除；而数据卷的生存周期独立于容器，数据卷中的数据不会受到容器影响。

Docker 容器在应用程序的整个生命周期中，提供了良好的可控性、可移植性与可伸缩性，最大的优点是在开发与运营之间提供了隔离能力。EdgeGallery 提供的各种服务都基于 Docker 虚拟化技术，以容器形式运行在边缘节点的操作系统中。开发者在 EdgeGallery 平台上开发某个边缘应用时，无须考虑运行应用的边缘节点的操作系统异构问题，仅需将边缘应用打包成 Docker 镜像并发布到应用仓库，然后由 MECM 提供的编排机制将应用分发到边缘节点，就可以在边缘节点上创建运行实例并提供服务。EdgeGallery 中的应用商店就是集中存储已生成的 Dockers 镜像的地方。

4.2.2　Kubernetes 技术

Kubernetes 通常被简称为 K8S，它是当前最常用的开源容器编排平台。它基于声明式 API 与插件式设计理念，用于对容器化应用进行自动部署与管理。Kubernetes 源自 Google 公司的集群管理项目 Borg，于 2014 年由 Google 公司正式发布成为开源项目。Kubernetes 提供了非常完善的容器集群管理能力，包括透明的服务注册与发现机制、内置的智能负载均衡器、多用户应用支撑能力、可扩展的资源自动调度机制、故障发现与自我修复能力，以及多层次的安全防护与准入机制。

Kubernetes 集群中的节点分为两类：主节点（Master）与工作节点（Node）。其中，主节点是 Kubernetes 集群的控制节点，每个集群至少需要有一个主节点，负责整个集群的管理与控制功能；工作节点是 Kubernetes 集群的工作负载节点，主节点会为每个工作节点分配一些工作负载。如果某个工作节点失效，其工作负载将被主节点自动转移到其他节点。图 4-8 给出了 Kubernetes 集群的架构及核心组件。Kubernetes 集群包含一个主节点与多个工作节点，每个节点都可看作一台真实主机或虚拟机。由于主节点对 Kubernetes 集群的重要性，因此它通常会独占一台服务器或虚拟机。

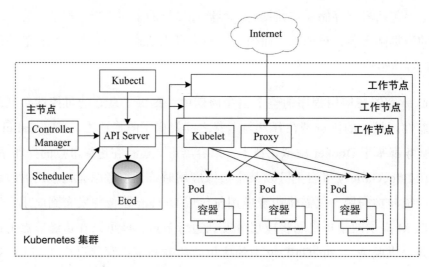

图 4-8   Kubernetes 集群的架构及核心组件

主节点主要包括以下 4 个核心组件：

- API Server：Kubernetes 集群的统一入口，也是各个组件的协调者，基于 RESTful 协议来提供接口服务，负责提供对所有对象资源的操作（包括创建、修改、删除、查询、监听等）。

- Controller Manager：Kubernetes 集群的自动化资源控制器，负责处理集群中的常规后台任务。集群中的每个资源都对应一个控制器，而 Controller Manager 负责管理这些控制器。

- Scheduler：Kubernetes 集群的调度器，负责根据调度算法为新创建的 Pod 选择一个工作节点，可以部署在同一节点上，也可以部署在不同节点上。

- Etcd：Kubernetes 集群的存储器，用于保存集群状态数据，例如 Pod、Service 等对象信息。Etcd 是一个分布式键值（Key-Value）存储系统。

工作节点主要包括以下 2 个核心组件：

- Kubelet：主节点在工作节点上的代理（Agent），它与主节点之间密切协作，负责管理本机运行容器的生命周期，负责 Pod 对应容器的创建、启停等任务。Kubelet 将每个 Pod 转换成一组容器。
- Proxy：工作节点上的 Pod 网络代理，负责以服务（Service）形式对外提供针对 Pod 的访问能力。

Kubernetes 功能的提供者是不同的资源对象：

- Pod：Kubernetes 的基本部署单元，一个 Pod 中包含一组 Docker 容器，这些容器共享存储器、命名空间与网络资源。
- Controller：多种 Kubernetes 控制器的统称。其中，DaemonSet 用于在集群中均衡运行一组 Pod，RelicaSet 用于确保集群中运行的 Pod 数，Deployment 用于无状态应用部署，StatefulSet 用于有状态应用部署，Job 用于一次性任务。
- Service：定义了一组 Pod 的逻辑集合以及一个统一的访问策略，负责提供服务发现、负载均衡等能力。
- Kubernetes 还定义了一些资源对象，用于提供存储（Volume）、关联与查询（Label）、逻辑隔离（Namespace）等能力。

Kubernetes 具有服务发现与负载均衡能力，为提供同一服务的多个 Pod 提供统一的访问入口，并将访问任务平均分配给这些 Pod。Kubernetes 具有良好的自动修复能力，出现故障时自动删除失效的 Pod，同时创建新的 Pod 并重新部署，保证预期的 Pod 数量，确保服务不会中断。Kubernetes 还具有一定的弹性伸缩能力，可根据工作节点的资源使用情况自动扩容或缩容，保证业务高峰期的高可用性，以及业务低谷时的最小运行成本。Kubernetes 由于具有上述几个优点，因此可以作为基础设施参与 EdgeGallery 功能的实现，在边缘节点、容器、应用管理等方面发挥重要作用。

4.3 基于 EdgeGallery 的智能安防应用

4.3.1 应用场景分析

公共安全关系到社会稳定与国家安全，是保证广大人民能够安居乐业的前提条件，因此安防问题受到各国政府与产业界的重视。我国政府高度重视安防基础设施的建设。2004—2005 年，我国开展了科技强警示范城市建设（第一批）、全国城市报警与监控系统建设、"3111 工程"等项目；2006—2012 年，我国开展了科技强警示范城市建设（第二批）、农村警务工作信息化与技防建设、"天网"工程等项目；2015年至今，我国开展了"雪亮工程"、市域社会治理现代化试点建设等。在国家层面的大力推动下，我国从城市到农村逐步实现了高清摄像头的全面覆盖。目前，中国已成为世界上公认的最安全的国家之一。

智能安防是指利用先进的技术手段，对各类对象（人员、车辆、物品等）进行必要的监控，通过数据分析、告警、处置等措施，实现对安全风险的全面监控与智能防范。智能安防的核心技术包括物联网、云计算、人工智能、大数据等。其中，物联网技术可以实现设备之间的互联互通，云计算技术可以实现大规模数据的存储与计算，人工智能技术可以实现智能化的决策与控制，大数据技术可以实现各种数据的分析与挖掘。通过人工智能技术与安防软硬件的结合，智能安防可以实现"事前预防、事中预警、事后追查"的目标，解决传统安防中仅能事后取证、取证困难的问题。

无论在公共安全、企业安全还是在家庭安全领域，视频监控系统都是实现智能安防的基础部分。视频监控系统主要包括四个部分：网络摄像头、视频采集卡、网络存储设备和视频分析软件。视频监控系统的核心设备是网络摄像头，包括高清摄像头、360 度摄像头、红外夜视摄像头等（如图 4-9 所示）。通过在目标区域（例如公共场所、企业园区、居民区、家庭等）安装摄像头，实时采集视频信号并传输到服务器进行存储，可以实现对目标区域的实时监控及安全管理。当目标区域出现异常情况时，通过视频回放、智能分析等手段做出快速反应与处理，从而有效地提高安全防范的效率与准确性。

图 4-9　智能视频监控系统的例子

人脸识别是实现视频监控智能化的关键技术。人脸识别是一种基于人的脸部特征信息进行身份识别的技术。视频监控系统通过摄像头采集含有人脸的图像或视频流，自动从图像中发现人脸并完成脸部特征的提取与匹配。人脸识别的过程通常要经过四个步骤：人脸检测是从图像中检测出人脸所在的位置并加以标注；人脸对齐是将不同角度的人脸图像通过几何变换对齐成同一个标准的形状；人脸编码是将人脸图像的像素值转换成紧凑、可判别的特征向量（又称为模板）；人脸匹配是将两个人脸模板进行比较并获得一个相似度分数，该分数能够给出两者属于同一个主体的可能性。目前，人脸识别技术已广泛应用于证件查验、公安巡检、网上追逃、户籍调查等场景。

行为识别是实现视频监控智能化的另一项重要技术。行为识别是一种基于对象（包括人、车辆、机器等）的行为特征进行危险事件识别的技术。行为识别技术通常基于某种机器学习算法，通过训练模型来识别、分类不同的行为或动作，并在实时监控过程中比较行为或动作数据，进而提前发现发生意外、异常或危险事件的可能性。在公共安全方面，可以检测出嫌疑人的可疑行为或动作，帮助警方抓捕犯罪嫌疑人；在交通安全方面，可以识别交通违法行为（例如超速、逆行、疲劳驾驶等），提高道路和行车的安全性；在商业安全方面，可以监控并分析顾客的行为，提高商场的安全性与管理效率；在基础设施安全方面，可以监控进出重点区域的人员，保障重要基础设施的安全性。

下面，我们以标注在监控视频流中出现的人员为例，简要介绍一个基于 Edge-Gallery 的智能安防应用的设计及开发流程。

4.3.2 应用设计与实现

1. 搭建环境

EdgeGallery 平台支持两种硬件架构：x86 与 ARM。其中，x86 版本支持采用复杂指令集（CISC）的 x86 架构处理器，例如 Intel 公司的 Pentium、Core、Xeon 系列，以及 AMD 公司的 Athlon、Ryzen 系列，用于 PC、服务器等设备上运行的操作系统；ARM 版本支持采用精简指令集（RISC）的 ARM 架构处理器，主要有 ARM 公司的 Cortex-A、Cortex-R、Cortex-M 系列，以及由 ARM 公司授权其他公司开发的 CPU（例如高通公司的 Snapdragon 系列、苹果公司的 A 系列、华为公司的 Kirin 系列、三星公司的 Exynos 系列等），用于智能手机、平板计算机等移动终端上运行的嵌入式操作系统。因此，首先需要选择安装节点支持的 EdgeGallery 架构。

EdgeGallery 平台支持三种安装模式：Controller、Edge 与 All。其中，Controller 模式仅包含中心侧的安装程序，在节点上安装部分模块（包括 Developer、AppStore、MECM、ATP 等），既提供了 EdgeGallery 应用集成开发环境，又提供了应用测试、发布及支持环境；Edge 模式仅包含边缘侧的安装程序，在节点上安装部分模块（包括 MEP、MEPM 等），只能提供 EdgeGallery 应用运行环境；All 模式包含完整的安装程序，在节点上安装全部模块，支持 Controller 与 Edge 模式的所有功能。图 4-10 给出了 All 模式的 EdgeGallery 用户界面，包括集成开发、应用仓库与 MECM 管理平台。

EdgeGallery 集成开发平台提供了应用开发与集成的能力。图 4-11 给出了 EdgeGallery 应用开发的基本流程。开发者通过集成开发平台为应用创建一个项目，首先需要选择自己的开发模式（应用开发或应用集成）。其中，应用开发是指利用 EdgeGallery 提供的开发工具完成开发，开发者可以选择使用 EdgeGallery 自身提供的某些能力，这样有利于减少开发者开发应用过程中的工作量；应用集成是指开发者利用自己的开发工具完成开发，然后通过 EdgeGallery 平台完成应用的镜像制作。最后，开发者通过集成开发平台完成应用调测，并将应用发布到 EdgeGallery 应用仓库。

图 4-10   All 模式的 EdgeGallery 用户界面

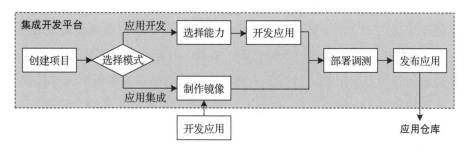

图 4-11   EdgeGallery 应用开发的基本流程

2. 创建项目

项目是一个 EdgeGallery 应用的基本组成单元。在 EdgeGallery 集成开发平台，开发者首先需要为应用创建一个项目，在页面上方的"集成开发"菜单下选择"应用孵化"，则进入创建应用的第 1 步（如图 4-12 所示）。这时，在页面左侧的列表中出现"新增应用"图标，将鼠标移动到该图标上，则会出现两个选项（"新建应用"与"选择场景"）。其中，"新建应用"是指创建一个通用的空项目；"选择场景"是指创建一个有具体场景支持的项目，当前 EdgeGallery 平台仅提供了一个场景（IoT）。在确定不需要场景支持之后，选择"新建应用"选项，就进入创建应用的下一步。

图 4-12　创建应用的第 1 步

在创建应用的第 2 步（见图 4-13）中，开发者需要填写新建应用的相关信息，包括应用名称、版本、提供者、负载类型、架构、行业、应用类型、描述等。其中，负载类型包括容器与虚拟机，对应于不同的应用承载模式，本例中选择轻量级的容器模式；架构包括 x86 与 ARM，对应于不同的处理器架构，本例中选择 x86 架构。另外，开发者可以上传自己设计的应用图标，以及与应用相关的说明文档。在完成信息填写之后，单击页面右下方的"确认"按钮，进入创建应用的下一步。

在创建应用的第 3 步（见图 4-14）中，开发者可以根据应用的实际需求，选择是否使用 EdgeGallery 提供的某些能力。目前，EdgeGallery 平台提供以下几类能力：公共框架、数据库、电信网络能力、视频处理、AI 能力、昇腾 AI 能力、平台基本服务等。其中，人脸识别服务提供了识别与标记视频流中出现的人脸图像能力；服务发现提供了将二次开发的应用作为第三方能力提供给其他开发者的能力。这里，开发者可以在"AI 能力"中选择"人脸识别服务"，在"平台基础服务"中选择"服务发现"。在完成能力选择之后，单击页面右下方的"确认"按钮，进入创建应用的下一步。

图 4-13　创建应用的第 2 步

图 4-14　创建应用的第 3 步

　　在创建应用的第 4 步（见图 4-15）中，在页面左侧的项目列表中，出现了已经创建完成的项目（即 monitoring_service），它是一个基于容器的视频监控类的应用。

图 4-15　创建应用的第 4 步

3. 创建沙箱

沙箱是一个 EdgeGallery 应用的仿真运行环境。在 EdgeGallery 集成开发平台中，开发者首先需要为应用创建一个项目，在页面上方的"集成开发"下选择"系统管理→沙箱管理"，则进入创建沙箱的第 1 步（如图 4-16 所示）。需要注意的是，只有管理员（admin）账户能够进行"沙箱管理"。这时，在页面中间出现"沙箱管理"列表，当前没有可供使用的沙箱环境。在确定创建沙箱之后，选择"新增沙箱环境"选项，进入创建沙箱的下一步。

在创建沙箱的第 2 步（见图 4-17）中，开发者需要填写新建沙箱的相关信息，包括沙箱的名称、端口号、用户名、架构、部署区域等。其中，IcmIP 处填写中心节点的 IP 地址，mecHost 处填写边缘节点的 IP 地址，如果采用 All 安装模式，则都填写安装节点的 IP 地址；架构包括 x86 与 ARM，对应于不同的处理器架构，本例中选择 x86 架构；系统包括 Kubernetes、OpenStack 与 FusionSphere，对应于不同的边缘集群，本例中选择 Kubernetes 的 K8S 集群。另外，开发者可以上传边缘集群相关的配置文档。在完成信息填写之后，单击页面右下方的"确认"按钮，进入创建沙箱的下一步。

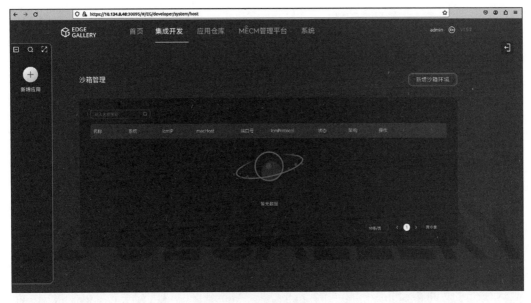

图 4-16　创建沙箱的第 1 步

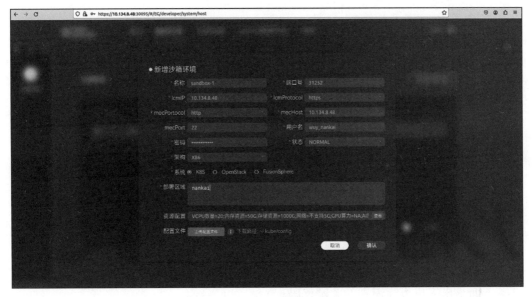

图 4-17　创建沙箱的第 2 步

在创建沙箱的第 3 步（见图 4-18）中，在页面中间的"沙箱管理"列表中，出现了已经创建完成的沙箱环境（即 sandbox-1），它是一个基于 Kubernetes、面向容器的沙箱环境。

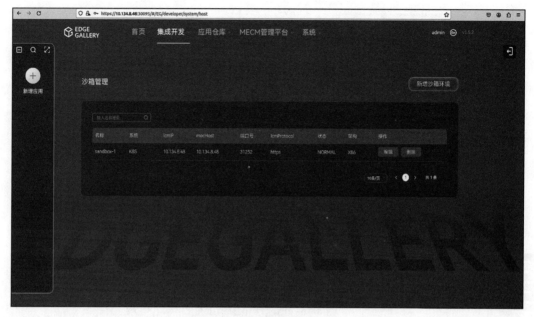

图 4-18   创建沙箱的第 3 步

4. 编写程序代码

在开发基于人脸识别的视频监控应用时，需要通过服务发现的相关 API 进行认证与鉴权，获取人脸识别服务的调用 URI，然后实现人脸识别服务的调用。这个步骤需要使用 MEP 提供的以下几个接口：

- 获取令牌：通过 MEP-Agent 调用获取令牌接口，获取具有访问权限的令牌（token），以便完成认证与鉴权。
- 服务发现：通过 MEP-Agent 调用 MEP 服务发现接口，查询人脸识别服务是否已经在 MEP 上注册。如果已经注册，则返回相关的服务信息。
- 调用人脸识别接口：根据返回的服务信息，调用人脸识别接口。

下面给出完成人脸识别的关键代码。

- 配置服务发现信息：在 backend/monitoring/monitoring_service.py 文件中，配置需要查询的服务名。这里，listOfServices = ["face-recognition"]。

```
app = Flask(__name__)
CORS(app)
sslify = SSLify(app)
app.config['JSON_AS_ASCII'] = False
app.config['UPLOAD_PATH'] = '/usr/app/images/'
app.config['VIDEO_PATH'] = '/usr/app/test/resources'
app.config['supports_credentials'] = True
app.config['CORS_SUPPORTS_CREDENTIALS'] = True
COUNT = 0
NOW = 0.0
listOfMsgs = []
listOfCameras = []
listOfVideos = []
ALLOWED_EXTENSIONS = {'png', 'jpg', 'jpeg'}
ALLOWED_VIDEO_EXTENSIONS = {'mp4'}
listOfServices = ["face-recognition"]
```

- 查询服务信息：在 backend/monitoring/monitoring_service.py 文件中，查询人脸识别服务并获取 endpoint 信息。这里，rest_client=CLIENT_FACTORY.get_client_by_service_name (constants.FACE_RECOGNITION_SERVICE)，用于查询人脸识别服务信息。其中，res_client 是通过 MEP-Agent 查询在 MEP 上注册的人脸识别服务信息。

- 调用人脸识别接口：在 backend/monitoring/monitoring_service.py 文件中，调用人脸识别接口并返回响应信息。这里，url=rest_client.get_endpoint()+"/v1/face-recognition/recognition"，用于通过 endpoint 信息调用人脸识别接口；response=rest_client.post(url,body)，用于返回人脸识别接口的响应信息。

```
def thread_function(frame, camera_name):
    app.logger.info("Thread starting")
    small_frame = cv2.resize(frame, (0, 0), fx=0.5, fy=0.5)
    rgb_small_frame = small_frame[:, :, ::-1]
    body = cv2.imencode(".jpg", rgb_small_frame)[1].tobytes()
    rest_client = CLIENT_FACTORY.get_client_by_service_name (constants.FACE_
        RECOGNITION_SERVICE)
    url = rest_client.get_endpoint() + "/v1/face-recognition/recognition"
    response = rest_client.post(url, body)
    data = json.loads(response.text)
    for info in data:
        name = info['Name']
        send_notification_msg(camera_name, name)
```

5. 生成应用镜像

在编写完成应用程序代码之后，将目录 "/backend" 整体拷贝到 Docker 环境中，进入目录"/backend"并执行以下操作：

```
docker build -t monitoring-be-service:demo .
docker save -o monitoring-be-service.tar monitoring-be-service:demo
```

这时，在本地生成应用（monitoring-service）的镜像文件。

6. 选择沙箱

选择使用沙箱 sandbox-1 进行调测（如图 4-19 所示）。

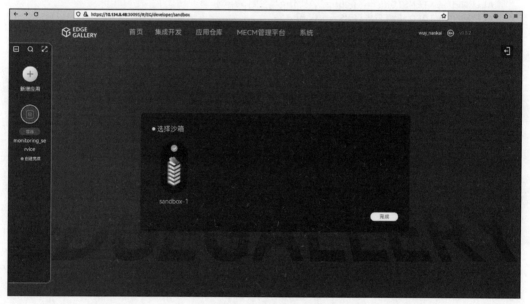

图 4-19   选择沙箱

7. 调试应用

EdgeGallery 应用的调试过程如下：

1）上传应用镜像：在"集成开发"下选择"系统管理→系统镜像管理→容器镜像"，将镜像文件上传至开发者平台（如图 4-20 所示）。

2）配置部署文件：支持 Kubernetes 部署 yaml 文件上传，平台提供基本的校验功能。有关配置文件的格式，可以参考界面提供的例子。

3）调试应用：开发者平台将应用部署到测试环境中，在部署完成之后，将显示沙箱、容器、部署结果等信息。这时，开发者可以对应用进行测试。

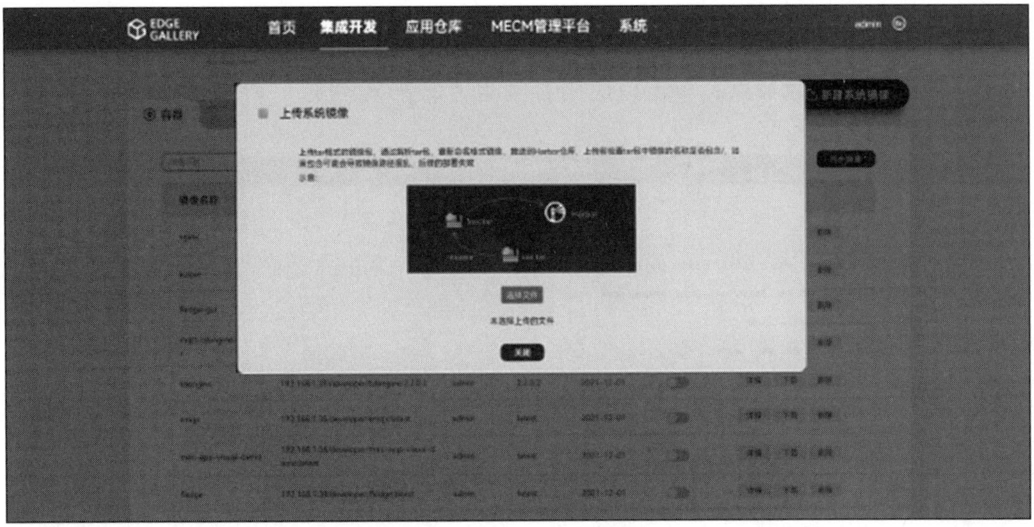

图 4-20　上传应用镜像

8. 发布应用

EdgeGallery 应用的发布是通过中心节点上的应用仓库（如图 4-21 所示）完成的。EdgeGallery 应用的发布过程如下：

1）配置发布信息：首先需要根据应用的实际需求，为应用配置相关的流量规则、说明文档等。

2）认证应用：在发布应用之前，需要对边缘应用进行认证，该过程依次为安全测试、遵从性测试与沙箱测试。其中，安全测试是扫描应用程序代码，检测代码中是否存在恶意代码；遵从性测试是检测清单文件的路径、内容及来源；沙箱测试是在模拟环境中运行应用的实例。

3）发布应用：如果认证失败，则提供一份认证报告，通过该报告可以定位错误；如果认证成功，则将该应用发布到应用仓库中。

9. 管理应用

EdgeGallery 应用与节点的管理通过中心节点上的 MECM 来完成。在概览中，标出了应用相关节点的统计信息，包括全部节点、在线节点、离线节点等。注意，这些节点标注的位置并不是真实位置，只是作者填写的虚拟位置。在应用管理中，列出了可供分发与部署的应用。如果要查看某个应用的详细信息，单击该应用右侧的"详情"；如果要将某个应用分发到节点，单击该应用右侧的"分发"；如果要将某个应用部署到边缘节点，单击该应用右侧的"部署"。

图 4-21　EdgeGallery 应用仓库

在完成应用的分发与部署之后，该应用以容器与服务的形式运行在边缘节点上，这时，用户就能够对该应用的实例执行相关操作。

4.4　本章总结

1）边缘原生在边缘云环境中深度利用边缘计算，从而高效构建、运行与维护延时敏感的边缘应用。

2）EdgeGallery 是业界首个 5G 边缘原生的 MEC 开源平台，它最初是由华为公司正式开源在 Gitee 上。

3）EdgeGallery 致力于为开发者提供快捷使用 5G 网络的能力，通过边缘原生的平台架构使边缘业务可信与可管。

4）面向边缘应用从设计到使用的全部流程，EdgeGallery 提供了应用设计态、应用分发态与应用运行态等部分，并提供了公共服务的支撑平台。

第 5 章

5G 与 AIoT 的未来

本章将在分析 AIoT 技术发展的基础上，系统地介绍 6G、边缘 AI 等技术的研究方向及进展情况。

本章学习要点：

- AIoT 的技术展望。
- 6G 技术展望。
- 边缘 AI 技术展望。

5.1　AIoT 的技术展望

5.1.1　基于 AI 的 AIoT 发展

虽然当前已经建立起完整的物联网通信体系，但是学术界与产业界近年来仍然关注如何将 AI 融入物联网通信，以实现物联网通信性能的大幅提升。相关研究主要集中在网络管理、资源分配、安全性等方面，主要研究思路是将 AI 引入相关算法与协议设计过程，实现物联网通信与 AI 的紧密结合。传统的物联网应用多为状态监测、远程控制等单一功能形式，应用范围有限，智能化程度低；未来的智能物联网应用则是多功能集成形式，应用范围更广，智能化程度更高。智能物联网能够对整个应用系统进行实时监测，在开放的环境中持续学习与自我演化，从而满足用户的个性化需求并提升服务质量。

机器学习为优化物联网性能提供了很好的解决方案。物联网设备采用机器学习技术之后，能够观察与学习不同性能指标对网络性能的影响，并且利用学习到的经验来提升网络性能。通过在物联网环境中引入神经网络、强化学习等 AI 方法，能够为复杂多变的物联网应用场景提供自适应的路由能力，在通信故障、拓扑变化、节点移动等情况下优化网络性能。例如，利用神经网络来学习网络拓扑、流量与路由之间的复杂关系，通过动态优化路由来降低网络的通信负荷；利用强化学习方法来动态选择合适的拥塞控制算法，通过自适应优化数据传输来提高网络的通信效率。

无线通信是物联网采用的主要通信方式，无线资源管理致力于合理利用有限的物理通信资源，以便更好地满足各类物联网应用的需求。当前的无线资源管理方案大多面向传统网络，它们通常高度依赖于公式化的数学问题。动态性的物联网将会频繁执行一些复杂算法，这就给无线资源分配与管理的性能带来了影响。通过在无线资源管理中引入强化学习、深度学习等 AI 方法，能够为复杂多变的物联网环境提供更好的适应能力。例如，强化学习可以实现基于环境反馈的无线资源管理策略，对网络环境的动态变化做出快速决策；深度学习模型具备良好的逼近能力，有助于实现高复杂性的无线资源管理算法。因此，机器学习在功率控制、频谱管理等方面具有良好的应用前景。

随着智能物联网的出现并投入应用，网络环境变得越来越复杂，终端设备的异构性越来越突出，因此需要通过软件化的网络来实现智能化的体系结构。SDN 将原来紧密耦合的控制平面与数据平面相互分离，其逻辑集中的控制器能够从网络协议栈的不同层次获得数据。网络控制器利用 AI 技术能够做出最佳决策，使网络更容易控制与管理。为了支持智能物联网应用的需求，终端不仅要支持无线传输、内容缓存等传统功能，还要提供数据感知、存储与分析等新功能。基于 AI 的方法可以实现快速学习与自适应，使物联网变得更智能、灵活，能够根据网络状态的变化自行完成学习与调整。

5.1.2 面向 AIoT 的 AI 发展

在智能物联网的实际应用场景下,集中式智能与分布式智能模式都在发挥作用。其中,集中式智能是指基于云平台的智能计算模式,其优点是系统架构简单、计算资源充足、易于管理与控制,缺点是存在数据和隐私泄露的风险。分布式智能是指基于边–端协同、端–端协同的智能计算模式,能够充分利用物联网中的各级可用资源,为靠近物联网终端及其边缘的智能计算提供多种选择。但是,分布式智能模式也面临着多种问题,包括终端资源受限、设备资源异构、分布式协同计算架构问题,以及设备动态加入与退出具有不确定性等。因此,混合式智能将成为未来更有潜力的智能计算模式。

智能物联网为混合式智能计算提供海量数据来源,其中间件是基于云–边–端协同的新型体系结构,并且以数据与智能算法为中心。支持 AI 服务的智能物联网系统的构建过程为:数据收集与存储→数据预处理与分析→AI 模型训练→AI 模型部署与推理→监测并维护精度。经过上述过程训练好 AI 模型之后,需要对 AI 模型进行封装与部署,以便提供 AI 推理服务(包括云端 AI、边缘 AI 与终端 AI 方式)。通过实现云–边–端的协同 AI 功能,使终端设备、边缘节点或云端都能利用 AI 来分析数据,实现智能化的感知、连接与计算,从而有效支撑上层的各种智能物联网应用。

目前,在智能物联网中获得广泛应用的深度学习方法,大多是基于大规模训练数据进行学习与获取知识的。为了让智能物联网能够做出准确、可解释的决策,为其赋予推理能力是至关重要的一步。知识推理是指在已有知识的基础上推断出新知识的过程,基于知识图谱的推理方法是近年来该领域的研究热点。知识图谱是一种在图中表示知识的结构化方法,它能够描述实体之间复杂的语义关系。其中,因果关系是一种特殊的知识,描述的是系统中多个连续事件之间的作用关系,它在很多智能物联网应用(例如智能交通管理、自动驾驶安全策略等)中具有关键作用。

通用人工智能模型能够解决 AIoT 的环境动态、情境复杂、场景多样等问题。深度学习模型的性能在很大程度上依赖于大规模的训练数据。但是,人类学习新的概念时不仅基于数据,还要基于自身已经掌握的一些先验知识。例如,人类具有基于相关知识的联想学习、基于经验的自我纠错与提升能力，以及基于长期知识积累的思维演化能力。当前的通用人工智能模型还不具备上述这些能力。先验知识有助于更好地训练深度学习模型，例如基于数据在特征空间的条件分布来引导训练，以缓解数据异构带来的模型偏移与性能退化问题。因此，数据与知识融合有助于 AIoT 的感知、学习与推理。

5.2 6G 的技术展望

5.2.1 6G 的发展背景

移动通信不仅深刻改变了人们的生活方式，而且成为提升社会数字化与信息化水平的新引擎。按照移动通信业"使用一代、建设一代、研发一代"的发展节奏，预计 6G 网络将在 2030 年左右实现商用部署。目前，全球范围的 6G 技术研究开展得如火如荼。2019 年 6 月，我国工业和信息化部牵头成立了 6G 研究组（后更名为 IMT-2030 推进组），开始推动 6G 的相关研究。2019 年 11 月，我国科技部等 6 个部门召开了 6G 研发工作启动会，宣布成立国家 6G 技术研发推进工作组。2020 年 2 月，国际电信联盟（ITU）启动了面向 2030 及 6G 的研究工作，并初步形成了 6G 研究时间表。

图 5-1 给出了移动通信技术的发展趋势。如果说 5G 时代在"万物互联"的基础上实现了信息的泛在可取，那么 6G 应该在 5G 的基础上全面支持整个世界的数字化，并结合人工智能等技术的发展，实现智慧的泛在可取，全面赋能万事万物。6G 时代将从"万物互联"发展为"万物智联"，推动社会走向虚拟与现实结合的"数字孪生"世界，实现"6G 重塑世界"的宏伟目标。6G 研究的初衷是满足 2030 年将出现的新应用场景。从这些预期应用场景的角度，推动 6G 发展的需求主要来自全息类业务、全感知类业务、虚实结合类业务、极高可靠性类业务、大连接类业务等。

1. 全息类业务

未来的智能人机交互将从虚拟现实 / 增强现实向混合现实（Mixed Reality，MR）、扩展现实（Extended Reality，XR）、全息显示（Holographic Display）的方向发展，将为用户带来深度沉浸式交互体验。混合现实是增强现实技术的升级，它将虚拟世界与真实世界合成为一个无缝衔接的虚实融合世界，其中的物理实体与数字对象满足真实的三维投影关系，最终实现"实幻交织"。扩展现实是在视觉体验的基础上，将用户体验扩展到听觉、触觉、嗅觉、味觉及第六感。

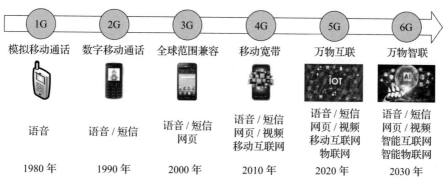

图 5-1　移动通信技术的发展趋势

全息投影是指利用光干涉的工作原理，记录并再现物体真实三维图像的技术。利用全息投影技术，用户无须佩戴 3D 眼镜就可以看到立体虚拟影像。这类应用场景包括全息视频通信、全息视频会议、全息课堂、全息手术、全息设计与加工等。全息类应用在工业、设计、展览、建筑、医疗、教育、娱乐、军事等领域具有广阔的发展前景。全息视频数据传输对网络带宽、延时与延时抖动、计算能力、可靠性等提出了更高要求。表 5-1 比较了 5G 的 VR/AR 类业务与 6G 的全息类业务的网络需求。

表 5-1　5G 的 VR/AR 类业务与 6G 的全息类业务的网络需求

性能指标	5G 的 VR/AR 类业务	6G 的全息类业务
峰值速率	20Gbit/s	1～10Tbit/s
用户体验速率	100Mbit/s	1Gbit/s
延时	5～7ms	小于 1ms
延时抖动	小于 50ms	小于 1ms
同步数据流	十几条	几百条
可靠性	99.9%	99.99%

2. 全感知类业务

传统的物联网系统中的感知功能通常由传感器来实现，而 6G 的感知功能则可以通过对无线信号的测量与分析来实现。在集通信与感知于一体的 6G 网络中，由于使用了更高的频段（毫米波与太赫兹）、更大的网络带宽与大规模天线阵列，6G 基站、移动终端甚至 6G 系统中的网络设备都可能变成传感器，进而具备超高分辨率与精度的感知、定位、成像、制图，以及手势与动作识别能力，为智能安防、智能交通、智能医疗、智能家居、智能环保、智慧城市等 AIoT 应用提供全新的解决方案。表 5-2 比较了 5G 的多媒体类业务与 6G 的全感知类业务的网络需求。

表 5-2   5G 的多媒体类业务与 6G 的全感知类业务的网络需求

性能指标	5G 的多媒体类业务	6G 的全感知类业务
峰值速率	20Gbit/s	1~10Tbit/s
用户体验速率	100Mbit/s	1Gbit/s
延时	小于 125ms	小于 1ms
延时抖动	小于 50ms	小于 1ms
对业务的感知	部分感知	精细感知
可靠性	99.9%	99.99%

3. 虚实结合类业务

虚实结合是指基于物理世界生成一个数字化的虚拟世界，物理世界中的人与物、物与物之间通过数字世界来传递信息。数字孪生是一种典型的虚实结合类应用。以飞机发动机远程安全监控为例，数字孪生以飞机的喷气式发动机为对象，通过计算机仿真形成一个完全对应的虚拟发动机。监控人员通过飞行过程中获取发动机数据，利用大数据与智能分析算法，在虚拟模型中进行计算，从而评估安全状态，生成对发动机的控制指令，并通过无线网络将指令发送给发动机控制系统，实现"虚实融合、以虚控实"的远程管理。这种方法可以应用在产品设计、智能制造、智能医疗、智慧城市、虚拟游戏等场景中。数字孪生中虚拟对象与物理对象之间通信对网络带宽、延时与延时抖动、可靠性等提出了极高要求。表 5-3 比较了 5G 的高带宽类业务与 6G 的虚实结合类业务的网络需求。

表 5-3　5G 的高带宽类业务与 6G 的虚实结合类业务的网络需求

性能指标	5G 的高带宽类业务	6G 的虚实结合类业务
峰值速率	20Gbit/s	1～10Tbit/s
用户体验速率	100Mbit/s	1～10Gbit/s
延时	小于 125ms	小于 1ms
延时抖动	小于 50ms	小于 1ms
移动性	500km/h	1000km/h
可靠性	99.9%	99.999%

4. 极高可靠性类业务

对于智能精密加工、智能电网控制、自动驾驶等应用场景，由于业务自身的"高精准"要求，对数据传输的可靠性、延时与抖动有更高的要求，这类业务通常被称为极高可靠性类业务。例如，智能精密加工对核心器件的协同控制不仅要求具有超低延时，还要求协同控制信息必须在指定时间到达，对数据传输与智能调度的准确性提出了极高要求；为了保障绝对的驾驶安全，自动驾驶不仅要求车辆感知设备准确测量，还要求感知数据与控制指令传输延时极低；智能电网要求继电保护控制的延时抖动不超过 100μs，广域远程保护的延时抖动不超过 10μs，同步精度不超过 1μs。这类业务的可靠性通常要求达到 99.9999%。表 5-4 比较了 5G 的超高可靠性类业务与 6G 的极高可靠性类业务的网络需求。

表 5-4　5G 的超高可靠性类业务与 6G 的极高可靠性类业务的网络需求

性能指标	5G 的超高可靠性类业务	6G 的极高可靠性类业务
峰值速率	1Gbit/s	10Gbit/s
延时	小于 3ms	小于 1ms
延时抖动	—	小于 100μs 或小于 10μs
同步精度	小于 1ms	小于 1μs
可靠性	99.999%	99.9999%

5. 大连接类业务

5G 海量机器类通信（mMTC）实现了对大连接类业务的支持，通过接入方式上的突破，能实现每平方公里支持高达 100 万个设备接入。预计到 2030 年，AIoT 将达到万亿级别的设备接入量。这类对连接数量有高要求的业务称为大连接类业务。对于智能工业、智慧城市、智慧农业、智能交通、智能医疗等应用，由于对全方位感知的要求较高，因此对接入的传感器、执行器与用户终端数量提出了更高要求。6G 设备接入量预计是 5G 的 100～1000 倍，而覆盖范围从陆地为主扩展到陆海空天。表 5-5 比较了 5G 的海量机器类业务与 6G 的大连接类业务的网络需求。

表 5-5   5G 的海量机器类业务与 6G 的大连接类业务的网络需求

性能指标	5G 的海量机器类业务	6G 的大连接类业务
连接密度	10^6 个 $/km^2$	$10^8\sim10^9$ 个 $/km^2$
覆盖范围	陆地为主	陆海空天

5.2.2   6G 的技术特征

6G 网络主要具有以下几个技术特征。

1. 原生 AI

6G 网络的功能之一是基于无处不在的大数据，将 AI 的能力赋予各个领域的应用，创造一个"智能泛在"的世界。6G 在 5G 基础上全面支持整个世界的数字化，并通过原生支持 AI 的网络架构设计，实现智能的泛在可得与全面赋能万物。为了实现"智能泛在"的愿景，6G 网络要拥有原生支持 AI 的能力。6G 网络架构使 AI 在网络中无处不在，并像人体的大脑与神经网络一样，以分布或集中方式按需提供 AI 能力。通过智能平台，6G 网络可以将外部的 AI 能力引入网络，提供新服务、新能力；可以将外部数据引入网络，进一步提高数据处理的效率。另外，6G 网络中的 AI 能力与数据也可以开放给第三方，通过智能平台为其提供所需的各类智能服务。

2. 通信感知一体化

通信感知一体化是 6G 网络的颠覆性关键技术之一。通信感知一体化是指通过空口及协议联合设计、频率资源复用、硬件设备共享等手段，实现通信与感知功能的统一设计，使无线网络在提供高质量通信服务的同时，实现高精度、精细化的感知功能，提升网络整体性能与业务能力。无线感知是无线电波具备的自然属性。利用带宽更宽、波长更短的毫米波与太赫兹频段，可实现超高精度与分辨率的感知能力，6G 网络中的基站、天线、无线信道、用户终端等设备都可作为传感器，提供高精度定位、目标检测与追踪、物体成像、环境重建等功能。

3. 陆海空天一体化

6G 是"陆海空天一体化"的分布式异构网络，通过将非地面通信（如低轨道卫星通信网）与地面通信（如蜂窝移动通信网）集成，可以实现陆地、海洋、山区、沙漠、森林，以及难以部署基站的偏远地区与太空的覆盖，最终实现全球范围无处不在的接入。未来的 6G 网络将是真正意义上的"泛在连接"，包括对分布式边缘计算资源的灵活调配、边缘网络与中心网络协同、地面与非地面网络的深度融合，以及固定网络与移动网络等各种异构网络的深度融合，实现多维度立体化、无缝通信覆盖，满足全球范围内终端随时随地接入的需求，实现"万物智联"的愿景。

4. 通信与计算融合

6G 支持陆海空天一体化、多种形态终端的接入，同时网络功能将进一步下沉，形成中心与分布式相结合的网络架构。随着新型业务带来的计算轻量化、动态化的需求，6G 迫切需要构建一个"云、网、边、端、用"深度融合，信息传输与应用需求紧密联系的通信计算一体化网络，实现全频域、全场景、全业务的灵活适配与资源协同。这种融合既包括将 AI 用于提升网络性能与运维智能化，即"AI for Network"场景，也包括为保障 AI 服务性能而对网络架构、协议与功能做出改变，即"Network for AI"场景。通过整合泛在、异构的算力，实现资源统一提供，结合用户需求与网络信息，联合编排调度，实现整网资源最优化配置，这是 6G 网络实现智能化、数字化、安全化的重要手段。

5. 原生可信

6G 网络将实现数字世界与现实世界的深度融合，人们的生活将高度依赖于网络的运行，现实世界中的资产可能因为数字攻击而被窃取。6G 网络中的物联网设备数量将显著增加，各种垂直业务的广泛应用将导致数据传输与存储更易遭受攻击。6G 网络的边缘化、软件化特征更为突出，边缘网络的安全性将面临巨大的挑战。6G 网络需要一个内生可信的架构，区块链技术将在 6G 网络中扮演重要角色。为了应对各种各样复杂的新型隐私挑战，区块链是 6G 隐私保护潜在的解决方案，它具有的去中心化、不可篡改、可追溯、匿名性与透明性特征，能够为构建分布式安全可信的交易环境提供保障。区块链在 6G 网络中主要用于身份认证、数据共享、网络安全、频谱与基础设施等资源共享。

5.2.3　6G 性能指标的预期

为了支撑 2030 年之后的 AIoT 全新业务与服务模式，按照前几代移动通信网升级趋势来估计，6G 性能指标有望比 5G 网络提高 10~100 倍。ITU 定义了以下几个 6G 关键性能指标及其预期值。

1. 极高速率

6G 网络与 MR/XR、全息显示技术的结合，可实现用户的深度感知（触觉、听觉、嗅觉、味觉等）体验。对于视觉感知来说，从 3D 视频扩展到全息类通信，这种以人为中心的深度沉浸式通信对网络带宽有极高要求，数据传输速率要达到 Gbit/s 甚至 Tbit/s 量级。6G 预期的峰值速率将达到 1Tbit/s，用户体验速率将达到 1Gbit/s，可以满足极高速率的需求。

2. 超高容量

为了支持智能工业、智慧城市等应用场景，6G 预期的连接密度将达到每平方公里接入超过 1 千万台设备，流量密度将达到每平方公里 1000Tbit/s。

3. 超低延时

在自动驾驶、工业自动控制等应用场景中，最重要的网络性能指标是延时与延时抖动。6G 预期的空口延时将低于 0.1ms，而延时抖动可以控制在 ±0.1μs。考虑到 MR/XR 远程呈现的需求，端 – 端的往返延时将达到 1～10ms。

4. 超高可靠性

5G 的 uRLLC 业务的可靠性要求达到 99.999%，而 6G 多样化的垂直行业应用将更普遍，相应地，可靠性要求将提升 10 倍，要求达到 99.9999%。

5. 超高移动性

5G 支持的移动性指标为每小时移动 500km。由于希望 6G 网络能够覆盖时速 1000 公里的飞机，因此移动性指标也提升为每小时移动 1000km。

6. 超高精度定位与感知精度

感知、定位与成像是 6G 网络提供的新能力。6G 利用太赫兹（THz）的频率优势，预期能够达到室外场景 1m、室内场景 1cm 的超高精度定位。

7. 超广覆盖

6G 网络通过将非地面网络与地面蜂窝网络集成，由超低轨道卫星组成的星座提供全球覆盖，真正形成陆海空天的无缝立体覆盖，提供全球无处不在的接入能力。

8. 原生 AI

6G 在设计之初就考虑将无线通信与 AI 技术融合，使 AI 无处不在，因此 6G 网络架构具备原生 AI 支持能力。

9. 原生可信

6G 安全设计的核心原则是原生可信，强调可信能力要适应多元化的业务。6G 既要对核心网络进行集中式安全访问控制，又要为边缘部分提供定制化授权、认证的可信能力。可信被贯彻在 6G 设计、开发与运营的全生命周期中，目标是构建一个安全、可靠、隐私性强的 6G 原生可信架构。

表 5-6 比较了 5G 网络与 6G 网络的性能指标。

表 5-6　5G 网络与 6G 网络的性能指标

性能指标	5G 网络	6G 网络
峰值速率	20Gbit/s	1Tbit/s
用户体验速率	100Mbit/s	1Gbit/s
延时 / 延时抖动	1ms/1μs	0.1ms/0.1μs
连接密度	10^6 个 /km^2	10^8 个 /km^2
流量密度	10Tbps/km^2	1000Tbps/km^2

(续)

性能指标	5G 网络	6G 网络
移动性	500km/h	1000km/h
可靠性	99.999%	99.9999%
定位精度	—	室外 1m/室内 10cm
覆盖范围	—	陆海空天
智能等级	—	原生 AI
安全等级	—	原生可信

5.3 边缘 AI 技术的展望

5.3.1 边缘 AI 的发展背景

1.边缘计算

2005 年，云计算模式的出现开启了数据集中式处理的时代。随着移动互联网、物联网大量应用人工智能（Artificial Intelligence，AI）技术，网络边缘接入的智能设备数量快速增长，它们产生的数据量也呈现指数型增长的趋势。云计算属于集中式处理数据的方式，不适合有实时性需求的计算密集型应用，主要原因在于：一是将终端产生的海量数据全部上传云端，将造成很大的网络带宽压力；二是云端通常距离终端设备较远，传输过程将带来很大的延时；三是云端的集中处理不利于数据隐私保护。针对云计算模式存在的这些缺点，研究者们提出了边缘计算的概念。

边缘计算是指在网络的边缘完成数据处理任务，而边缘是指用户终端与云端之间的任何计算与存储资源。由于边缘侧相对于云端更靠近用户终端，因此边缘计算可实现在数据源附近处理数据。利用边缘设备具备的计算能力，将全部或部分计算任务迁移到边缘设备运行，可以有效解决上述几个问题。近年来，AI 技术已经广泛应用于各个领域，例如计算机视觉、人脸识别、自然语言处理等。但是，对于智能工业、自动驾驶、智能医疗、智慧城市等应用，这些场景在实时性、隐私性方面的要求更高，借助云计算进行模型的训练与推理面临着更多的挑战。

2. AI 技术

作为 AI 的核心技术之一，机器学习理论早在 1960 年就由阿瑟·塞缪尔提出。在过去的 10 年中，机器学习已广泛应用于很多复杂的数据密集型场景，例如医学、生物学、天文学等场景中。机器学习主要分为 3 类：监督学习、无监督学习与强化学习。其中，监督学习使用具有输入与所需输出标记的训练数据来完成学习。与监督学习相比，无监督学习不需要使用标记过的训练数据，自行对大量无标记数据进行学习并推断出结论。强化学习是通过与外部环境交互获得的反馈来完成学习。

从数据处理的角度来看，监督学习与无监督学习主要侧重于数据分析，而强化学习则侧重于决策问题。传统的机器学习技术在处理原始数据能力方面受到限制。几十年来，构建模式识别或机器学习系统需要很多领域的专业知识来设计特征提取器。深度学习技术始于 1943 年，神经网络与数学模型首次出现，并被称为人工神经模型。1980 年，卷积神经网络的概念出现；1986 年，递归神经网络的概念出现；2006 年，深度信念网络及其分层与训练架构出现。机器学习为现代社会的很多方面提供动力，例如互联网的搜索引擎、社交网络的内容过滤、电子商务网站的商品推荐等。

3. 边缘 AI 的形成

在这样的背景下，AI 与边缘计算相结合是必然的趋势，因此就产生了边缘智能（Edge Intelligence），通常被称为边缘 AI。边缘智能是指将 AI 从云端移到靠近数据源的网络边缘，提供分布式、低延时、高可靠的智能服务。边缘计算将数据、应用程序与服务从云端移到边缘。在边缘计算模式下，终端设备与云端之间增加了边缘节点，以辅助云端就近处理计算任务。边缘节点是指部署在网络边缘的各类服务器，例如电信网的边缘服务器、车联网的路侧单元等。边缘 AI 不完全依赖云端的计算能力与存储资源，而是要充分利用网络中已经存在的大量边缘资源。

边缘智能结合了边缘计算与 AI 技术的优势，近年来被运营商认为是摆脱 5G 网络"管道化"的有效途径。边缘智能的出现对物联网系统效率提升、服务响应、调度优化与隐私保护具有重要意义。边缘智能强调让计算决策靠近数据源头，并将智能服务由云端推送至边缘侧，减少服务的交付距离与延时，提升用户终端的接入服务体验。AI 模型从物联网的实际边缘环境中提取特征，通过与环境的反复迭代提供高质量的边缘计算服务。近年来，深度学习与强化学习已成为边缘智能的主流 AI 技术。这里，深度学习可以从数据中自动提取特征与检测异常，强化学习可通过马尔可夫决策过程与梯度策略实现目标，在网络实时决策中发挥越来越重要的作用。

5.3.2 边缘 AI 的协同模式

边缘 AI 架构通常是一种"云 – 边 – 端"协同模型，边缘侧与云端是相互补充、相辅相成的关系。随着业务向协同运营阶段纵深发展，边缘智能的范围不再局限于单个层面。很多研究将"云 – 边 – 端"协同集成至边缘智能中。

1. 协同模式

（1）"云 – 边"协同

近年来，"云 – 边"协同已发展为一类比较成熟的协作模式，并引起了学术界与产业界的广泛关注。其中，边缘侧负责本地范围内的数据计算及缓存，或进一步将采集的数据汇聚至云端处理，可较好地支持本地、短期的智能决策与执行。云端负责采集、分析与挖掘数据，以及模型的训练与升级，利用其计算能力为长期、大规模的智能处理与资源调度建立管理平台，支持智能、多元化的数据服务。该模式可促进云、边、端之间资源的充分利用。

（2）"边 – 边"协同

单个边缘节点在处理大规模应用时，可能受计算、存储与网络资源的限制，而其他节点由于时空分布的差异性，自身存在一定数量的闲置资源。为了提高系统整体的资源利用率，需要让各个边缘节点之间充分协同，实现协同感知与结果共享的广泛互联，共同保障计算能力的优化。但是，在"边 – 边"协同模式下处理大规模应用时，通常存在资源需求、异构系统条件、边缘节点接入的动态变化。因此，有必要设计有效的协同调度策略。

（3）"边－端"协同

"边－端"协同中的"端"是指移动互联网或物联网的终端设备。"边－端"协同是一类轻量级模型,可以有效提高边缘节点的处理能力,缓解请求多样性与边缘设备处理能力单一之间的问题。终端设备与特定应用场景之间的高度相关性,使"边－端"协同更关注终端设备的高效调度与安全接入。在"边－端"协同模式下,终端设备负责采集数据并卸载到边缘节点,由边缘节点对多源数据进行集中计算与分析处理。

2. "云－边－端"协同架构

边缘 AI 在靠近数据源的位置,通过一组连接的边缘设备或系统,实现数据收集、缓存、处理与分析,从而提高数据处理的质量与速度。由于分布式架构下边缘节点性能与协作能力的局限,仅靠"边－边"协同与"边－端"协同难以完成全局任务调度。相关研究已开始探索"云－边－端"的有效结合,主要侧重于面向"云－边"的算力迁移、系统级接入技术、服务迁移连续性机制等。图 5-2 给出了边缘 AI 的"云－边－端"协同架构。

边缘 AI 主要有以下几个性能指标:

- 延时:延时是指推理过程消耗的总时间,包括预处理、模型推理、数据传输与后处理等。对于一些延时敏感型应用,它们有严格的延时要求。延时与边缘设备的可用资源、传输效率、模型训练与推理方式相关。

- 准确性:准确性是指从推理中获得正确预测值的输入样本数与总输入样本数的比值,它直接反映了边缘 AI 模型的性能。对于一些可靠性要求高的应用(例如人脸识别、自动驾驶等),它们都有超高的准确性要求。

- 通信开销:由于通信开销将极大地影响模型推理与训练,因此减少通信开销对边缘 AI 非常重要。通信开销与带宽需求、模型训练、推理方式相关。

- 能耗:由于终端设备通常受到电池的限制,而模型训练与推理将带来大量的能耗,因此能耗是边缘 AI 需要关注的问题。

- 隐私性:由于终端设备将产生很多隐私敏感数据,因此保护数据源的隐私是很重要的问题。隐私性主要取决于处理原始数据的方式。

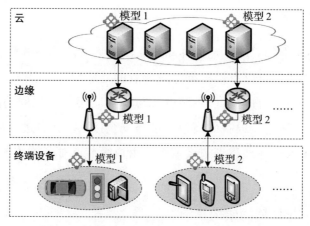

图 5-2　边缘 AI 的"云 – 边 – 端"协同架构

针对延时、能耗与通信开销等指标增大的挑战，可以通过节点之间协作处理数据来解决问题。对于网络中的基础设施以及节点集群，它们不再是单独处理计算任务，而是多个节点之间协作共同处理计算任务，从而节约时间成本，以便最小化任务处理延时。针对数据的隐私问题，可借助联邦学习（Federated Learning，FL）方法来解决。联邦学习支持本地数据训练与学习模型共享，可通过协调多个移动设备来训练共享的 AI 模型，而无须直接暴露设备中的数据。训练过程在用户端设备中执行，仅需将训练过的梯度传递给服务器。

5.3.3　边缘 AI 的模型设计

边缘 AI 在移动互联网、物联网等场景下的应用，依赖于"云 – 边 – 端"协同架构中的模型训练与推断，这对于实现高质量的智能服务是非常重要的。

1. 模型训练

边缘 AI 的模型训练模式可分为 3 种：集中式训练、分布式训练与混合式训练。

（1）集中式训练

在集中式训练模式中，数据预处理、模型训练、消息代理等操作由云端执行，训练后获得的模型也部署在云端。模型训练主要通过"云 – 边"协同实现，其性能在很大程度上依赖于网络连接的质量。在训练阶段，边缘节点汇聚来自终端设备的感知数据，并实时上传到云端进行处理。云端利用聚合数据以集中方式不断训练模型。尽管集中式训练有助于获得整个系统的全局最优解，但是它必须依赖于全局网络状态信息，模型训练的复杂度将随着网络规模增大而呈指数级增长。

（2）分布式训练

为了避免集中式模型训练的缺点，可以在边缘侧分布式训练模型。这种架构下的所有边缘节点训练是等价的。由于数据源之间存在一定的时间相关性，因此边缘节点的独立训练过程面临过拟合问题。另外，多个边缘节点之间的推断通常会相互影响。多个边缘节点之间需要以协同方式进行模型训练。与集中式训练相比，分布式训练具有隐私保护性强、支持个性化学习、可扩展性强等优点，但在无中心条件下缺少全局参数，导致该模式受资源有限、环境动态、数据分布、设备异构等因素的影响。

（3）混合式训练

实际上，受能耗、计算与存储资源等方面的限制，单个边缘节点的独立训练与部署模型的参数规模有限。为了更好地发挥多层协调的优势，采用集中式与分布式结合的混合式训练，有望打破单一训练模式的性能瓶颈。在这种模式下，边缘节点之间通过分布式更新或云平台集中训练来协同训练模型。每个边缘节点根据本地数据训练部分参数，并将参数或梯度汇聚到中心节点进行全局模型升级，再由中心节点将全局模型下发到边缘。

2. 模型推断

模型推断是通过已训练好的模型对未知数据进行结果预测。模型推断发生在模型训练之后，它与模型训练相互配合，是一个循环往复、不断提升的过程。有效的模型推断对于边缘 AI 的实现至关重要。根据不同的模型训练模式，可分别在云端或边缘节点上执行模型推断。在集中式推断中，云端收集所有边缘节点的信息，模型训练与推断都在云端完成，推断结果将分发给每个边缘节点；在分布式推断中，边缘节点仅根据本地信息执行推断，不同边缘节点之间交换部分模型信息，以便提升分布式推断性能。

相对于集中式推断，分布式推断具有计算与通信能耗低、决策响应时间短、可扩展性强等优点，更适合用于网络状态变化快、延时与能耗要求高的场景。在集中式训练模式中，云端既可维护一套全局训练模型，以便对所有边缘节点进行集中推断；又可以先为所有边缘节点训练一套共享模型，再将该模型下发到边缘进行分布式推断。集中式推断的常用方法包括监督学习，无监督学习与单智能体强化学习，而分布式推断的常用方法包括无监督学习与多智能体强化学习。

5.3.4　边缘 AI 技术的研究

边缘 AI 技术的研究可以分为两类：一类是智能的边缘计算，主要研究利用 AI 技术为边缘计算中的关键问题提供更优的解决方案；另一类是边缘的智能化，主要研究借助边缘计算在边缘环境中实现智能化应用。两类研究并不是相互独立的，边缘的智能化是最终目标，而智能的边缘计算是实现边缘 AI 的一部分。

1. 智能的边缘计算

（1）计算卸载

现在，大量的计算密集型任务需要从用户终端转移到边缘设备或云端执行。但是，任务卸载过程通常受各种因素的影响，例如用户偏好、无线信道、网络连接质量、终端移动性等。因此，做出最佳决策是边缘卸载中的关键问题。卸载决策动态决定将任务卸载到边缘设备还是云端。如果将大量任务卸载到云端，网络带宽将被占用，从而大大增加传输延时。因此，需要设计一个基于深度强化学习的分布式算法，让每个移动设备可利用本地观察的信息，例如任务大小、队列信息、历史负载等，自行确定适合自己的卸载策略。

（2）资源分配

资源分配是与计算卸载密不可分的边缘计算关键技术。基础设施部署与维护成本相对较高，在边缘网络中部署大量的边缘设备并不现实：每台边缘设备上仅能部署有限的服务；不同移动设备之间的差异比较大，这些问题导致了边缘计算环境的不稳定性。因此，在动态、多变的边缘计算工作环境下，如何自适应地分配计算、存储与网络资源面临着很大挑战。针对这种综合性的资源分配及优化需求，设计基于深度强化学习的分布式方案，区分不同用户在服务质量方面的具体要求，通过协同优化边缘侧的资源分配，从而最大限度地减少用户的计算时间与能耗。

（3）边缘缓存

对于计算密集型与延时敏感型应用，边缘缓存是提高应用服务质量的重要技术。在提供边缘缓存的网络应用中，通过利用边缘设备上的存储资源，可以将常用内容缓存在靠近用户的位置。目前，边缘缓存的研究重点主要集中在两方面：内容交付与缓存替换。内容交付是指边缘节点基于内容的时效性与自身的缓存状态，对通信范围内的内容请求做出交付决策；缓存替换是指边缘节点自适应地根据内容流行度替换自身的缓存内容。比如，对于面向车联网的边缘计算应用，边缘缓存有助于缓解车联网中重复传输导致的冗余流量，在降低访问延时的同时提高内容交付的可靠性。

2. 边缘的智能化

（1）图像识别

在面向图像识别的边缘 AI 系统中，物联网终端将图像数据发送给边缘服务器，服务器执行图像识别后将识别结果返回终端。边缘 AI 既可以减轻物联网终端的处理负载，又有助于提高模型训练与推理的性能。例如，研究者提出了一种用于情感识别的卷积神经网络模型，物联网终端首先对捕获的人脸图像进行预处理，例如人脸检测、图像调整、人脸裁剪等，然后将预处理结果发送给边缘服务器，由服务器通过运行 CNN 模型完成被识别对象的情绪推断。

（2）语音识别

语音是人类交流的主要方式。语音识别可以将语音转换成相应的书面信息或控制命令。目前，语音识别技术已成功应用于很多应用场景，例如手机操作、汽车导航、工业控制、智能家电等。研究者通过设计基于边缘 AI 的语义识别架构，采用深度神经网络的特征融合方法，有效地融合提取的单模态特征，可以提高语音识别结果的准确性。

（3）视频分析

随着国内各个城市纷纷启动"智慧城市"建设，监控摄像头被大量部署在城市的公共场所，例如路口、车站、广场、校园等。这些摄像头每秒会产生大量视频数据，由于网络带宽与传输延时的问题，无法将全部数据实时上传至云端处理。因此，在边缘实现低延时、高吞吐量、可伸缩的视频流处理非常重要。一些企业开始研发智能相机，例如 Hikvision、Avigilon、Nvidia 等。这些智能相机配有深度学习加速器，不仅能执行基本的视频处理任务，还能够执行基于深度学习的计算密集型任务，检测、识别对象及各种属性。研究者还提出了基于智能边缘设备集群的分布式学习框架，能够适应实际部署中的动态负载，实现低延时、高吞吐量、可扩展的实时视频分析。

5.4 本章总结

1）基于 AI 的方法可以实现快速学习与自适应，使 AIoT 变得更智能、更灵活，能够根据网络状态变化自行完成学习与调整。通用人工智能算法将有助于解决智能物联网的环境动态、情境复杂、场景多样等问题。

2）如果说 5G 能够实现"万物互联"，那么 6G 将开启更高层次的"万物智联"时代。6G 研究的初衷是满足即将出现的全息类业务、全感知类业务、虚实结合类业务、极高可靠性类业务、大连接类业务等场景。

3）边缘 AI 是将 AI 从云端移到靠近数据的网络边缘，提供分布式、低延时、高可靠的智能服务。边缘 AI 的研究可分为两类：一类是智能的边缘计算，即利用 AI 对边缘计算的关键问题加以优化；另一类是边缘的智能化，即借助边缘计算实现边缘智能应用。

推荐阅读

6G无线通信新征程：跨越人联、物联，迈向万物智联

作者：[加]童文（Wen Tong）[加]朱佩英（Peiying Zhu）译者：华为翻译中心

书号：978-7-111-68884-6

　　本书是关于6G无线网络的系统性著作，展现了万物智能时代的6G总体愿景，阐述了6G的驱动因素、关键能力、应用场景、关键性能指标，以及相关的技术创新。6G创新包含以人为中心的沉浸式通信、感知、定位、成像、分布式机器学习、互联AI、基于智慧联接的后工业4.0、智慧城市与智慧生活，以及用于3D全球无线覆盖的超级星座卫星等技术。本书还介绍了新的空口和组网技术、通信感知一体化技术，以及地面与非地面一体化网络技术，并探讨了用以实现互联AI、以用户为中心的网络、原生可信等功能的新型网络架构。本书可作为学术界和业内人士在B5G移动通信（Beyond 5G）方面的基础书目。

推荐阅读

AIoT应用开发与实践

作者：张金 宫晓利 李浩然　书号：978-7-111-74520-4

AIoT是人工智能和物联网的融合应用。物联网为人工智能算法的研究提供了海量异构的数据基础，人工智能帮助物联网智慧化处理海量数据，完成智慧决策、智慧控制等操作，两者的结合相得益彰。本书是针对当前AIoT研究和应用日益高涨的浪潮，基于我国自主知识产权的华为平台，面向AIoT初学者的入门书籍。

本书特色：

注重方法论和实践操作的结合。本书首先从AIoT的概念入手，之后以方法论为引领，力图让读者明确AIoT应用开发和设计的流程和方法论，最后以配合环境设置的典型案例收尾，帮助读者迅速将之前的概念设计化，继而将设计作品化，从而具备面对AIoT可以快速学习、迅速上手的能力。

基于国产平台进行AIoT实践。本书的案例和实例代码均来自华为的自主知识产权AIoT平台，并且详细说明了操作的方法和流程，以示例的形式给出了环境配置的过程，有利于读者快速上手，这无疑为读者将自己的创新思路转为可实现的产品提供了很好的技术基础和实现保障。

主要面向具有一定IoT基础知识的学生和工程师，帮助读者快速了解AIoT。同时，以案例形式进行基本开发框架的搭建引导和典型的应用的构建，起到激发读者思考、触类旁通的作用。